周　期　表

10	11	12	13	14	15	16	17	18	族/周期
								4.003 2 **He** ヘリウム $1s^2$ 24.59	**1**
			10.81 5 **B** ホウ素 [He]$2s^2p^1$ 8.30　2.0	12.01 6 **C** 炭素 [He]$2s^2p^2$ 11.26　2.5	14.01 7 **N** 窒素 [He]$2s^2p^3$ 14.53　3.0	16.00 8 **O** 酸素 [He]$2s^2p^4$ 13.62　3.5	19.00 9 **F** フッ素 [He]$2s^2p^5$ 17.42　4.0	20.18 10 **Ne** ネオン [He]$2s^2p^6$ 21.56	**2**
			26.98 13 **Al** アルミニウム [Ne]$3s^2p^1$ 5.99　1.5	28.09 14 **Si** ケイ素 [Ne]$3s^2p^2$ 8.15　1.8	30.97 15 **P** リン [Ne]$3s^2p^3$ 10.49　2.1	32.07 16 **S** 硫黄 [Ne]$3s^2p^4$ 10.36　2.5	35.45 17 **Cl** 塩素 [Ne]$3s^2p^5$ 12.97　3.0	39.95 18 **Ar** アルゴン [Ne]$3s^2p^6$ 15.76	**3**
58.69 28 **Ni** ニッケル Ar]$3d^84s^2$ 64　1.8	63.55 29 **Cu** 銅 [Ar]$3d^{10}4s^1$ 7.73　1.9	65.38 30 **Zn** 亜鉛 [Ar]$3d^{10}4s^2$ 9.39　1.6	69.72 31 **Ga** ガリウム [Ar]$3d^{10}4s^2p^1$ 6.00　1.6	72.63 32 **Ge** ゲルマニウム [Ar]$3d^{10}4s^2p^2$ 7.90　1.8	74.92 33 **As** ヒ素 [Ar]$3d^{10}4s^2p^3$ 9.81　2.0	78.97 34 **Se** セレン [Ar]$3d^{10}4s^2p^4$ 9.75　2.4	79.90 35 **Br** 臭素 [Ar]$3d^{10}4s^2p^5$ 11.81　2.8	83.80 36 **Kr** クリプトン [Ar]$3d^{10}4s^2p^6$ 14.00　3.0	**4**
106.4 46 **Pd** パラジウム [Kr]$4d^{10}$ 34　2.2	107.9 47 **Ag** 銀 [Kr]$4d^{10}5s^1$ 7.58　1.9	112.4 48 **Cd** カドミウム [Kr]$4d^{10}5s^2$ 8.99　1.7	114.8 49 **In** インジウム [Kr]$4d^{10}5s^2p^1$ 5.79　1.7	118.7 50 **Sn** スズ [Kr]$4d^{10}5s^2p^2$ 7.34　1.8	121.8 51 **Sb** アンチモン [Kr]$4d^{10}5s^2p^3$ 8.64　1.9	127.6 52 **Te** テルル [Kr]$4d^{10}5s^2p^4$ 9.01　2.1	126.9 53 **I** ヨウ素 [Kr]$4d^{10}5s^2p^5$ 10.45　2.5	131.3 54 **Xe** キセノン [Kr]$4d^{10}5s^2p^6$ 12.13　2.7	**5**
195.1 78 **Pt** 白金 e]$4f^{14}5d^96s^1$ 61　2.2	197.0 79 **Au** 金 [Xe]$4f^{14}5d^{10}6s^1$ 9.23　2.4	200.6 80 **Hg** 水銀 [Xe]$4f^{14}5d^{10}6s^2$ 10.44　1.9	204.4 81 **Tl** タリウム [Xe]$4f^{14}5d^{10}6s^2p^1$ 6.11　1.8	207.2 82 **Pb** 鉛 [Xe]$4f^{14}5d^{10}6s^2p^2$ 7.42　1.8	209.0 83 **Bi** ビスマス [Xe]$4f^{14}5d^{10}6s^2p^3$ 7.29　1.9	(210) 84 **Po** ポロニウム [Xe]$4f^{14}5d^{10}6s^2p^4$ 8.42　2.0	(210) 85 **At** アスタチン [Xe]$4f^{14}5d^{10}6s^2p^5$ 9.5　2.2	(222) 86 **Rn** ラドン [Xe]$4f^{14}5d^{10}6s^2p^6$ 10.75	**6**
(281) 10 **Ds** ームスタチウム n]$5f^{14}6d^97s^1$	(280) 111 **Rg** レントゲニウム [Rn]$5f^{14}6d^{10}7s^1$	(285) 112 **Cn** コペルニシウム [Rn]$5f^{14}6d^{10}7s^2$	(278) 113 **Nh** ニホニウム [Rn]$5f^{14}6d^{10}7s^27p^1$	(289) 114 **Fl** フレロビウム [Rn]$5f^{14}6d^{10}7s^27p^2$	(289) 115 **Mc** モスコビウム [Rn]$5f^{14}6d^{10}7s^27p^3$	(293) 116 **Lv** リバモリウム [Rn]$5f^{14}6d^{10}7s^27p^4$	(293) 117 **Ts** テネシン [Rn]$5f^{14}6d^{10}7s^27p^5$	(294) 118 **Og** オガネソン [Rn]$5f^{14}6d^{10}7s^27p^6$	**7**

152.0 63 **Eu** ウロピウム [Xe]$4f^76s^2$ 67　1.2	157.3 64 **Gd** ガドリニウム [Xe]$4f^75d^16s^2$ 6.15　1.2	158.9 65 **Tb** テルビウム [Xe]$4f^96s^2$ 5.86　1.2	162.5 66 **Dy** ジスプロシウム [Xe]$4f^{10}6s^2$ 5.94　1.2	164.9 67 **Ho** ホルミウム [Xe]$4f^{11}6s^2$ 6.02　1.2	167.3 68 **Er** エルビウム [Xe]$4f^{12}6s^2$ 6.11　1.2	168.9 69 **Tm** ツリウム [Xe]$4f^{13}6s^2$ 6.18　1.2	173.0 70 **Yb** イッテルビウム [Xe]$4f^{14}6s^2$ 6.25　1.1	175.0 71 **Lu** ルテチウム [Xe]$4f^{14}5d^16s^2$ 5.43　1.2	ランタノイド
(243) 5 **Am** メリシウム Rn]$5f^77s^2$ 0　1.3	(247) 96 **Cm** キュリウム [Rn]$5f^76d^17s^2$ 6.09　1.3	(247) 97 **Bk** バークリウム [Rn]$5f^97s^2$ 6.30　1.3	(252) 98 **Cf** カリホルニウム [Rn]$5f^{10}7s^2$ 6.30　1.3	(252) 99 **Es** アインスタイニウム [Rn]$5f^{11}7s^2$ 6.52　1.3	(257) 100 **Fm** フェルミウム [Rn]$5f^{12}7s^2$ 6.64　1.3	(258) 101 **Md** メンデレビウム [Rn]$5f^{13}7s^2$ 6.74　1	(259) 102 **No** ノーベリウム [Rn]$5f^{14}7s^2$	(262) 103 **Lr** ローレンシウム [Rn]$5f^{14}6d^17s^2$	アクチノイド

化学の基本シリーズ

1

一般化学

河野淳也 著

化学同人

まえがき

「きれいだな」,「おもしろい形だな」などと感じるのが物質に興味をもつきっかけだったのではないでしょうか.「化学」と銘打たなくても,わたしたちはさまざまなところで物質について学んでいます.色水を作ったり,スライムを作ったりした経験をおもちの方もいらっしゃるでしょう.さらに進んで,「なぜこのような色や形なのだろう」,「なぜ薬は効くのだろう」のような「なぜ」をもった人は,その答えを探すための勉強を始めるでしょう.その「なぜ」が化学以外の学問分野のものであったとしても,化学の知識が求められることがあります.化学はさまざまな学問の基礎になっているからです.

本書は,大学初年次程度の化学の入門書です.ただし,上述のような意味で物質に興味をもち,高校で化学を「学んだことがある」読者を想定しています.言語の習得と同様に,一度学んだだけでは完全な理解は難しいです.同じことを繰り返し,できれば異なる側面から学んでいくと理解が深まると考えます.そこで本書では,高校の教科書との内容的重複は避けませんでした.一方で,大学で本格的に化学を学ぶ方のための基礎を提供することも目指しました.そのため,高校の範囲を超える記述,たとえば微分,積分を使った議論も随所にあります.

第1,2章では,物質の成り立ちと,物質量(いわゆる「モル」)について述べます.第3,4章では,物質を構成する原子,分子とそのつながりあい(結合)について微視的に考えます.第5～7章では,物質が示す3種類の状態である固体,液体,気体の性質をまとめます.第8～11章は,化学熱力学と呼ばれる内容の入門です.物質の状態を,外部とのエネルギーのやりとりから理解します.第12,13章では,それぞれ酸と塩基,酸化と還元について述べます.それぞれ物質の間でH^+,電子を受け渡す反応であり,広い汎用性をもっています.第14章では,化学反応の速さについて考えます.

化学を専門とする方は,本書を入門編としてさらに勉強を進めてください.きっと「化学はおもしろい!」と思えるようになるでしょう.一方,本書を通じて,高校化学をやり残した方,少し先を見てみたい高校生などに化学に興味をもっていただけたら,著者にとっては望外の喜びです.いずれの場合も,一度読んだだけでは完全な理解は難しいと思われます.折に触れて必要な部分を開いて読んでいただければありがたく存じます.

前京都教育大学　斉藤正治先生,京都教育大学附属高等学校　古川豊先生には,本書を平易に,また親しみやすいものにするための貴重なご意見をいただきました.また,東京大学　真船文隆先生には,本書執筆のきっかけをいただきました.化学同人編集部　大林史彦氏には本書の出版に際しましてたいへんお世話になりました.ここに深く感謝申し上げます.

2017年12月

河野淳也

もくじ

1 物質の構成

2 物質量と化学反応式

3 原子の構造

4　化学結合

5　固体の構造と性質

6　溶液の性質

7 気体の性質

8 熱化学

9 エントロピーと自由エネルギー

10 化学平衡

11 物質の三態と状態変化

12 酸と塩基

13 酸化還元と電気化学

14 反応速度

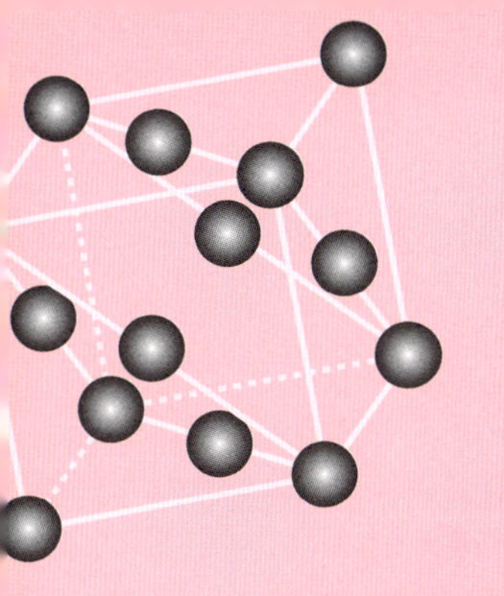

第1章 物質の構成

Constitution of Material

この章で学ぶこと

物質の成り立ちについて本章で学ぼう．身の回りの「もの」を物質という．物質にはその色，におい，硬さなど，多種多様な性質がある．何十万，何百万種類という膨大な種類の物質があるが，それらはすべて，100種類に満たない原子（元素）からなっている．したがって，物質について理解するためには，原子の成り立ちとそのつながり方を理解するのが早道だ．本章では，物質を小さく分けていったときにどうなるかを考察し，物質を「種類」ごとに分ける方法について考える．その後，物質の構成要素である原子，分子について考察していく．また，近年理解が必要とされる放射能も原子の性質なので，ここで概説する．さらに，化学を学ぶ基礎である元素記号や分子式・組成式などについて確認する．

1-1　純物質と混合物

この節のキーワード
純物質，混合物

これから，**化学（chemistry）**を学んでいこう．化学は**物質（material）**についての学問だ．物質とは，身の回りにある「もの」のことだ．空気，水，コップ，あるいはわれわれの体も物質である．

すべての物質には共通点がある．それは，**原子・分子（atom，molecule）**でできているということだ．水を例にとろう．コップの水を半分に，さらに半分に，そのまた半分に…と分けていくと，最終的にこれ以上分けると水でなくなる，という最小単位まで分けることができる[*1]．これが分子だ（分子も実はさらに分けることができる．それについては1-3節で考察しよう）．

物質の種類は数えきれないくらいある．したがって，物質について考え

*1 これは決して当たり前のことではない．物質が原子・分子でできていることが認められるようになるまでに，科学者の間で激烈な論争があった．江沢洋，『だれが原子を見たか』（岩波書店）を読んでみよう．名著だ．

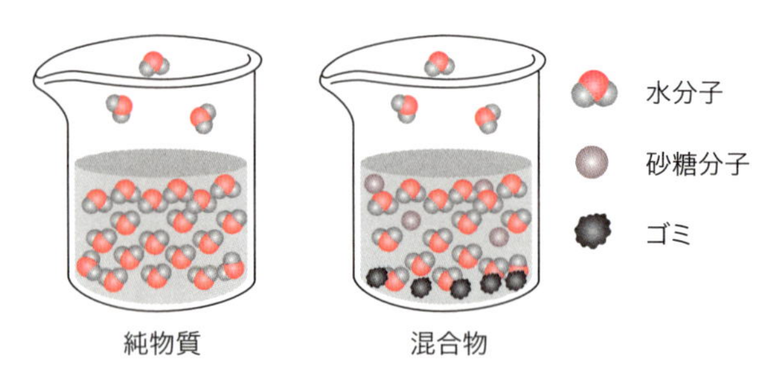

図 1-1　**純物質と混合物**

るとき，まずは物質を分類することから始めるのが適当であろう．上のように物質を半分，半分，と分けていったとき，1種類の分子しかできないものを**純物質 (pure substance)** という．水は純物質なので，それだけ分けても1種類の分子しかできない．一方，純物質でない物質を**混合物 (mixture)** という．混合物は，2種類以上の純物質を混ぜたものである．水に砂糖やゴミが混じっていればそれは混合物だ (図 1-1)．空気も混合物である．空気の中には，純物質である窒素，酸素，アルゴン，二酸化炭素，水(水蒸気)などが含まれている．空気を半分，半分と分けていけば，ある部分は窒素，ある部分は酸素，というように部分ごとに違う分子ができてくるはずだ(図 1-2)．

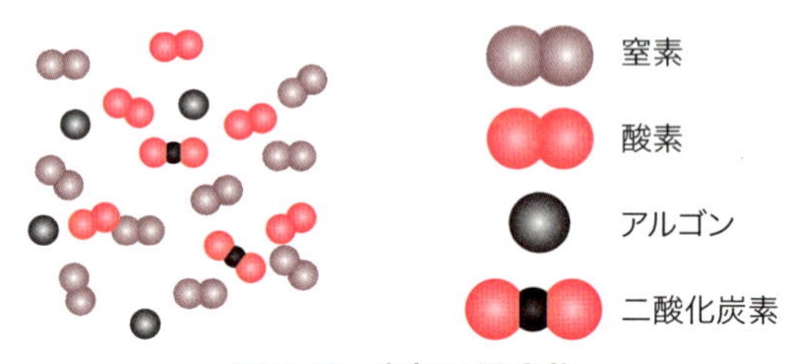

図 1-2　**空気は混合物**

この節のキーワード
ろ過，蒸留，再結晶，抽出，クロマトグラフィー，昇華

1-2　分離・精製

化学ではまず純物質について考察する．混合物の性質は混ぜた純物質の性質から考えればよいし，混合物は純物質を混ぜると簡単に作ることができる[*2]．身の回りにある物質のほとんどは混合物なので，化学的な考察をするためには混合物から純物質を取りだす作業が重要になる．この作業を**分離 (separation)** という．取りだしたものは通常は完全な純物質ではなく，**不純物 (impurity)** を少し含む．この不純物を取り除き，より完全な純物質を得る作業を**精製 (purification)** という．分離・精製は，異なる純物質の間で性質が異なることを利用して行う．この節では，具体的な分離・精製の手法について見ていこう．

*2　2つの物質を混ぜたとき，それらの物質が全体にばらばらに散らばって均一なものになることも実は自明ではない．第9章で考察しよう．

1-2-1　ろ　過

ろ過(filtration)は固体と液体を分離する作業である(図 1-3). 液体と固体の混合物をろ紙に通すと, ろ紙の隙間より大きな固体がろ紙の上に残り, 液体が下に落ちる. たとえば泥水をろ過して水を取り出すことができる.

一方, ろ過は溶解性の異なる固体の分離にも利用できる. 塩と砂が混じった混合物から塩を取り出したいとき, 混合物を水に入れると塩だけが溶解する. これをろ過して塩水と砂を分けた後, 塩水を乾かせば塩と砂をそれぞれ分け取ることができる.

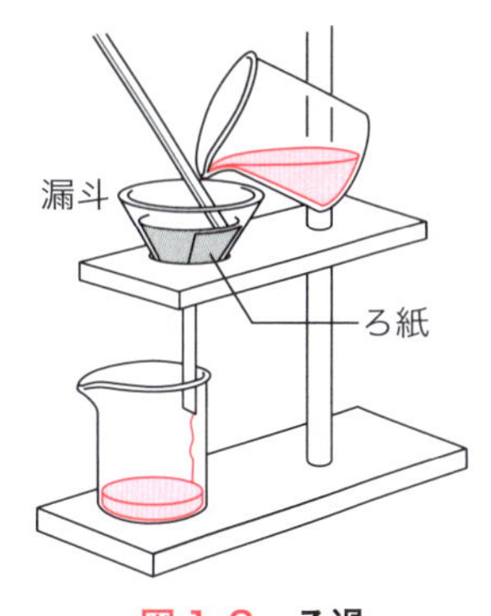

図 1-3　ろ過

1-2-2　蒸　留

蒸留 (distillation) は, 沸点の違いにより純物質を分離する作業である(図 1-4). たとえば, 塩水を熱して蒸発した水蒸気を冷やすことによって, 純物質である水を得ることができる. 水の沸点は 100 ℃, 塩の沸点は 1413 ℃であるため, 100 ℃程度に加熱しておけば水だけを蒸発させることができるからである.

沸点の近い物質を蒸留で分離することを分留(fractional distillation)と呼ぶ. 原油はさまざまな油の混合物であるので, 分留によってそれを分ける必要がある. 沸点の小さな順に, ナフサ, ガソリン, 軽油, 灯油, 重油である. 蒸発しないで底に残る成分がアスファルトである.

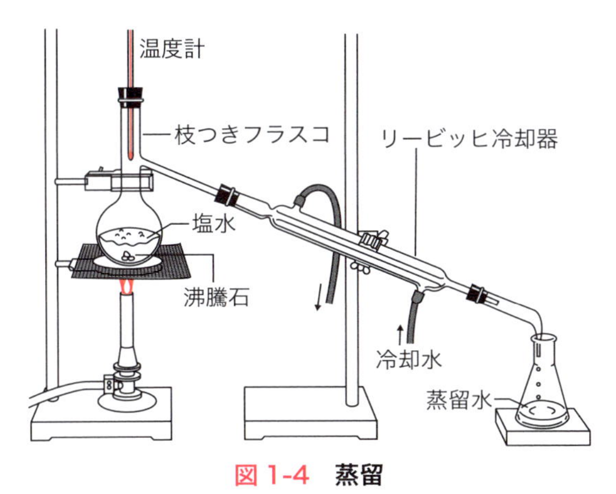

図 1-4　蒸留

温められて蒸発した水蒸気はフラスコ上部で冷やされて水に戻る. 枝管の中で水に戻った場合は元のフラスコでなく冷却管の先にある三角フラスコへ落ちる.

例題1-1　トルエンとベンゼンがおよそ同量ずつ混ざっている. どのようにして分離したらよいか.

マントルヒーター
ガラス繊維の布で包んだ電熱線をフラスコの底の形状にあわせた形にしたもの.

解答　トルエンとベンゼンの沸点はそれぞれ110.6℃, 78.1℃である. したがって, 分留によって分離することができる. トルエン, ベンゼンは引火性をもつので, 加熱の際には直火ではなくマントルヒーターを用いる必要がある.

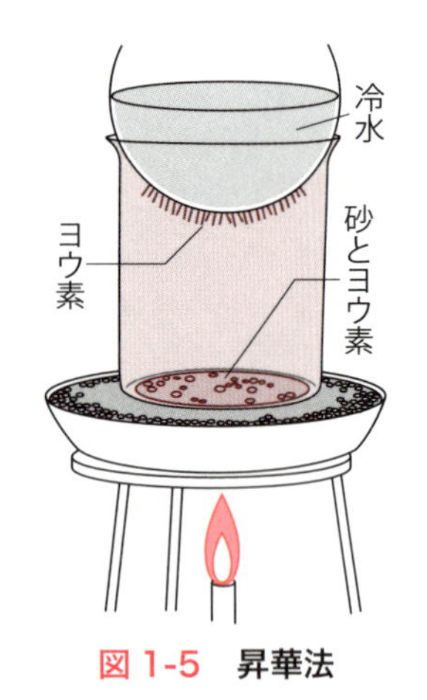

図 1-5　昇華法

1-2-3　昇　華

固体物質を温めると, 液体にならずに直接, 気体になる場合がある. これを**昇華(sublimation)**という(図 1-5). 固体の混合物の中に昇華する純物質が1つだけ含まれている場合は, 温めてこれを昇華させ, 上部で冷やして固体を取り出すことができる. これを昇華法という.

1-2-4　再結晶

再結晶(recrystallization)は, 液体に対する固体の溶解性の温度変化を利用した手法である. 不純物として少量の塩化ナトリウムを含む硝酸カリウムを熱水に溶かし, さましていくと硝酸カリウムだけが固体として析出する. これは, 硝酸カリウムが熱水にはよくとけ, 冷水には溶けにくいことによる. 再結晶は主に精製に用いられる. つまり, 少量の不純物を取り除くのに便利な手法である.

1-2-5　抽　出

抽出(extraction)は, 液体に対する溶解性の差を利用した分離法である. 紅茶の葉は, お湯に溶ける成分と溶けない成分の混じった混合物である. ここにお湯を注いでろ過することで, お湯に溶ける成分だけを取り出す. これが抽出である. 紅茶の例では, 複数種類の純物質が抽出されるので, 抽出物も混合物である. これを純物質に分けようとするなら, さらなる精製作業が必要となる.

1-2-6　クロマトグラフィー

クロマトグラフィー(chromatography)は, 物質の吸着性の差を利用した分離法である(図 1-6). 水性インクはいくつかの色の混合物になっている. 水性インクをろ紙につけ, 下の部分を水に浸すと, 水がろ紙を上ってくる. 水性インクも水がろ紙を上っていく流れに乗って上がっていくが, インクの成分によって上がる速度が異なる. これは, ろ紙に対する吸着性が純物質の種類によって異なるからである. このような分離・精製法をクロマトグラフィーという. ろ紙や水を他のものに変えることで, さまざまな混合物の分離に適したクロマトグラフィーが開発されている.

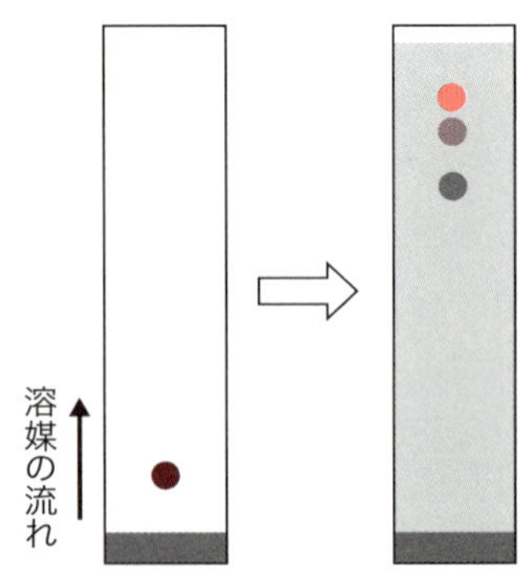

図 1-6　クロマトグラフィー

1-3　原子，分子，イオン

この節のキーワード
分子，原子，イオン，電子，陽イオン，陰イオン

分子は，一定以上のエネルギーを与えれば分けることができる．分子をさらに分けると，原子ができる．水の場合は水素原子が2つと酸素原子が1つの3つに分けることができる．重要なのは，水の分子が水素原子と酸素原子に分かれた場合には，それはもう水ではないということだ．分子は複数の原子をつなぎ合わせてできている．構成する原子の数やそのつながり方は分子固有のものである．たとえば，酸素原子2個と水素原子2個がつながった分子は過酸化水素という水とは異なる分子であり，性質も大きく異なる（図1-7）．また，炭素，水素，酸素，窒素からなる分子には莫大な種類があり，多様な性質を示す．これらの分子を研究する有機化学は化学の大きな分野のひとつだ．

水分子

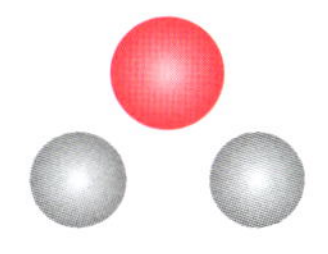
酸素原子と水素原子

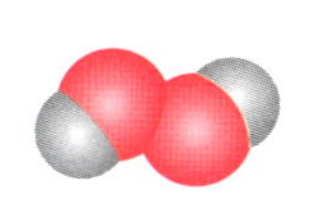
過酸化水素分子

図 1-7　水分子と原子と過酸化水素分子

分子が原子からできているという意味では，物質の最小単位は原子ということになる．いくつかの原子を決まったつながり方でくっつけたものが分子であり，それをたくさん集めたものがわれわれの身の回りにある物質である．

原子はもう分けられないかというとそうでもない．原子は小さな**原子核（nucleus）**1つと，その周りを運動する1個または複数個の**電子（electron）**からできている[*3]．原子核は正電荷，電子は負電荷を帯びているが，原子全体としては電気的に中性になっている．つまり，電子が2個ある場合，原子核は電子1個の2倍の電荷をもっている．電子10個なら原子核には10倍の電荷がある[*4]．

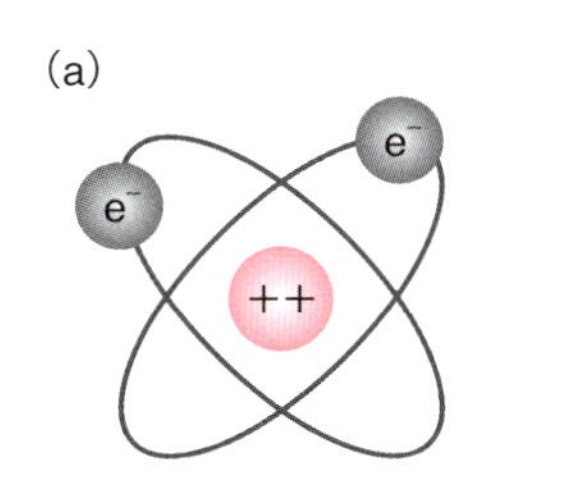

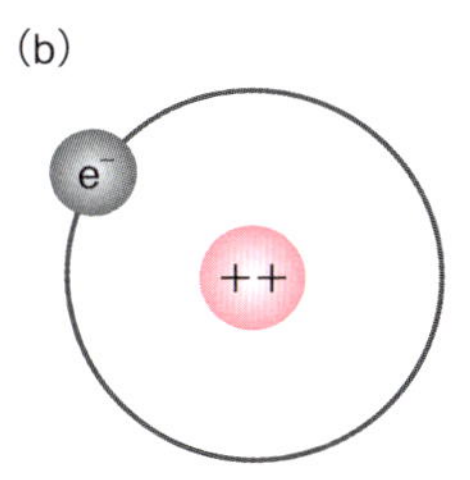

図 1-8　原子の構造とイオン
(a) He，(b) He^+．

*3　原子の構造は次章で詳細に述べる．

*4　電荷は電気現象の元となるものであり，正電荷と負電荷がある．正電荷どうし，負電荷どうしは反発し，正と負は引き合う．化学で考える電荷の量には最小単位がある．それは電子の電荷であり，値は 1.9×10^{-19} C である．この値を**電気素量（elementary charge）**という．

原子の間で電子のやりとりをして，電子の足りない原子と余分な電子をもった原子が生まれることがある．このようなものを**イオン (ion)** という (図 1-8)．電子の足りなくなったイオンは正電荷をもつので**陽イオン (cation)**，電子が多くなったイオンは負電荷をもつので**陰イオン (anion)** と呼ぶ．

この節のキーワード
単体，化合物，同素体

1-4　単体と化合物

物質を細かく分けていき，バラバラの原子にすることを考えよう．水の場合は，酸素原子と水素原子になることをすでに述べた．一方，空気中にある酸素という物質は 2 つの同じ原子がつながってできているので，バラバラの原子にすると 2 つの酸素原子になる．バラバラの原子にしたときに，酸素のように 1 種類の原子だけになる純物質を**単体 (simple substance)**，水のように 2 種類以上の原子に分かれるものを**化合物 (compound)** という (図 1-9)．

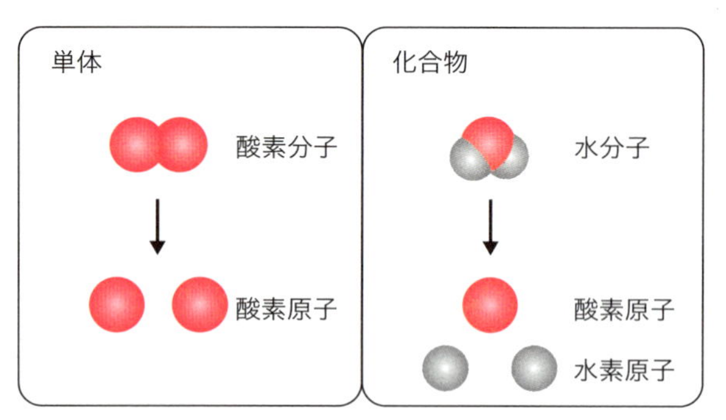

図 1-9　酸素は単体，水は化合物

2 種類以上の単体があるとき，これらを**同素体 (allotrope)** という．たとえば酸素 O_2 にはオゾン O_3 という同素体がある．また，炭素の同素体には黒鉛，ダイヤモンドのほか，球状の分子を作るフラーレンや円筒状の構造をもつカーボンナノチューブがある．

この節のキーワード
原子番号，元素

1-5　元　素

物質をバラバラの原子に分けることができること，原子には種類があることを述べた．原子には 110 あまりの種類がある．約 90 種類は天然に存在するが，それ以外は人工的に作られたものだ[*5]．原子の種類は，原子核のもつ電荷によって決まっている．ここまでに登場した原子の原子核の電荷は，たとえば水素原子の原子核は電子の 1 倍，酸素原子の原子核は電子の 8 倍の電荷をもっている．

原子核の電荷が電子の何倍であるかを示す数を**原子番号（atomic number）**という．したがって水素の原子番号は1，酸素の原子番号は8だ．このようにして原子の種類について考えるとき，原子の種類のことを**元素（element）**と呼ぶ．元素は，**元素記号（elemental symbol）**によって表す（表1-1）．

*5　数を明言しないのは，原子番号の大きな原子は不安定で，すぐに違う種類の原子に変わってしまうからだ（次節参照）．それでも，未知の原子を作り出してその性質を確かめる研究が進んでいる．2016年に理化学研究所の森田浩介博士が113番目の元素の発見者として認められ，ニホニウムNhと命名した．素晴らしい成果だ．しかしこの原子は数msで壊れて他の原子になってしまう．読者のみなさんは，これを「物質」の仲間に入れますか？

表1-1　元素記号とその名称

原子番号	元素の名称	元素記号	英語名
1	水素	H	hydrogen
2	ヘリウム	He	helium
3	リチウム	Li	lithium
4	ベリリウム	Be	beryllium
5	ホウ素	B	boron
6	炭素	C	carbon
7	窒素	N	nitrogen
8	酸素	O	oxygen
9	フッ素	F	fluorine
10	ネオン	Ne	neon
11	ナトリウム	Na	sodium
12	マグネシウム	Mg	magnesium
13	アルミニウム	Al	alminium
14	ケイ素	Si	silicon
15	リン	P	phosphor
16	硫黄	S	sulfur
17	塩素	Cl	chlorine
18	アルゴン	Ar	argon

1-6　同位体と放射性元素

この節のキーワード
陽子，中性子，質量数，同位体，放射性元素

原子核の中身について考えてみよう．原子核には電子の整数倍の電荷があることはすでに述べた．この電荷は実は，電子と同じ量の正電荷をもつ粒子が整数個集まることで生じている（図1-10）．この粒子を**陽子（proton）**という．陽子は電子よりもおよそ1840倍重い（表1-2）．また原子核の中には，陽子の他に電荷をもたない粒子が存在する．これを**中性子（neutron）**という．中性子は陽子とほぼ同じ質量をもっている．したがって，原子核の重さは陽子の数と中性子の数の和でほぼ決まるので，これを**質量数（mass number）**と呼ぶ．

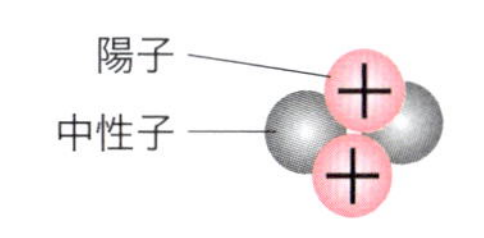

図1-10　原子核の構造
^{4}He原子核．

物質の化学的性質は，原子どうしのつながり方やつながりの組み換えなどにより生じる．したがって，原子の化学的性質を考えるときには，原子の外側の状態が最も重要である．そこで原子が他の原子と出会うからであ

表 1-2　電子，陽子，中性子の性質(電荷，質量)

	電子	陽子	中性子
電荷	$-e$	e	0
質量	m_e	$1836m_e$	$1839m_e$

る．原子の外側にあるのは電子だ．第2章で詳述するが，原子の外側の電子の状態は，電子の総数によって決まっている．だから，原子の化学的性質は，電子の数で決まる．中性原子の中の電子の数は，原子核のもつ電荷の数（つまり陽子の数）と同じなので，「原子の化学的性質は原子核の中の陽子の数によって決まっている」ということもできる．

原子核にはいろいろな種類があり，陽子の数が同じで質量数の異なるもの(すなわち中性子数の異なるもの)がある．これらを**同位体(isotope)**という．原子の化学的性質は陽子の数によって決まっているので，同位体の化学的性質は似ている．同位体を区別して表したいとき，元素記号の左上に質量数を書く（図1-11)．原子番号を明示する場合には左下に書く．これらの数は省略してもよい．原子番号は元素記号からわかるので，省略することが多い．また，原子の化学的性質は質量数にはほとんど依存しないので，化学的性質のみを論じるときには通常は質量数は書かない．

質量数 ⟶ 16
原子番号 ⟶ 8
$^{16}_{8}\mathrm{O}$

図 1-11　元素記号と質量数，原子番号の表し方

例題 1-2　次の原子の中の陽子，中性子，電子の数を求めよ．
(1) ^{1}H，(2) ^{12}C，(3) ^{13}C，(4) ^{127}I

解答
(1) 陽子：1個，中性子：0個，電子：1個
(2) 陽子：6個，中性子：6個，電子：6個
(3) 陽子：6個，中性子：7個，電子：6個
(4) 陽子：53個，中性子：74個，電子：53個

原子核の中には，ずっと安定には存在できないものがある．これらの原子核は，**放射線(radiation)**を放出して他の原子核に変化する．**これを放射壊変(radioactive decay)**という．原子の放射壊変によって放出される放射線にはα線，β線，γ線がある．それぞれ，高エネルギーの^{4}He原子核，電子，光である．

原子や物質が放射線を出す性質を**放射能(radioactivity)**という．放射能と放射線の用語の違いを理解しておこう．放射能をもつ元素を**放射性元素（radioelement）**という．また，ある元素の同位体のうち放射能をもつものを**放射性同位体(radioisotope)**という．放射能をもたない同位体

は**安定同位体(stable isotope)**という．α 線を放出する放射壊変(α 壊変)では，核の質量数が 4 減少し，原子番号が 2 減少する．β 壊変では，原子核の中の中性子が陽子と電子に分かれ，その電子が飛び出してくる．したがって β 壊変では核の質量数は変化せず，原子番号が 1 増える．γ 壊変においては原子核の種類は変化しない．α 壊変，β 壊変の例を示しておこう．

$$^{238}_{92}\mathrm{U} \xrightarrow{\alpha} {}^{234}_{90}\mathrm{Th}$$

$$^{131}_{53}\mathrm{I} \xrightarrow{\beta} {}^{131}_{54}\mathrm{Xe}$$

放射性元素の原子核が壊れていく速さは，その原子核によって異なる．この速さを表す数値として，**半減期(half-life)**が用いられる．半減期は，ある数の原子核があったときに，その原子核の数が壊変によって元の数の半分になるまでの時間である．福島の原子力発電所事故で話題になった原子核でいうと，^{131}I の半減期は 8 日，^{134}Cs，^{137}Cs の半減期はそれぞれ 2 年と 30 年だ．

例題 1-3　^{131}I の数が半分になるまでの時間(半減期)は 8 日だ．では，4 分の 1 になるのに何日かかるか．また，1%未満になるのは何日後か．

解答　4 分の 1 は，半分のさらに半分なので，^{131}I の数が 4 分の 1 になるまでの日数は 8 日の 2 倍，つまり 16 日である．また，1%になるまでの日数を d 日，^{131}I の半減期を λ 日とすると，

コラム　放射線のエネルギー

1-6 節に記したが，放射性元素は α 線，β 線を放出して異なる元素になる〔この他に光 (γ 線) を出す場合もある〕．しかしこれは，原子・分子の化学的性質にはほとんど影響を受けない現象といってよい．なぜなら，放射線のエネルギーと原子・分子のエネルギーがけた違いに異なるからである．

本文中で例に示した ^{238}U からの α 線，^{131}I からの β 線はそれぞれ 4，0.3 MeV のエネルギーをもつ (MeV は 10^6 eV だ)．これに対して，一般に原子・分子の中で化学的な性質に影響をもつ電子のエネルギーは大きくても 100 eV 程度である．これだけエネルギーの異なる現象であると，互いにほとんど関係がなくなる．ある核種を含む物質がどのような化合物であるかによって，放射壊変の速さなどはわずかな影響しか受けない．^{7}Be の壊変定数が金属 ^{7}Be と $^7BeF_2$ で 0.074%だけ異なるという例が知られている〔富永 健，佐野博敏，『放射化学概論』(東京大学出版会)〕．

$$\frac{1}{100} = \left(\frac{1}{2}\right)^{\frac{d}{\lambda}} \tag{1.1}$$

である(d に 16 日，λ に 8 日を代入して右辺が 4 分の 1 になることを確かめよう)．この式から

$$d = \lambda \times \log_2 100 = 53.1 \text{ 日} \tag{1.2}$$

となり，^{131}I の数が 1%未満になるのは 54 日後と求まる．

この節のキーワード
周期律，電子配置，周期表

1-7 周期表

元素を原子番号の順に並べると，単体の融点，化学的性質などが周期的に変化する．これを元素の**周期律 (periodic law)** という．元素の周期律にもとづいて，元素を原子番号の順に並べ，性質の似た元素を縦に並ぶように配列した表を元素の**周期表 (periodic table)** という (図 1-12)．なぜ周期律が現れるかについては次章で考察しよう．ここでは，周期表の約束ごとについてまとめる．

周期表の横の行を**周期 (cycle)**，縦の列を**族 (family)** という．第 1 周期の元素は H（水素）と He（ヘリウム）だ．周期表は第 7 周期まである．族は周期表の左から番号をつける．第 1 族から第 18 族まである．周期表の同じ族に属する元素を**同族元素 (congener)** という．同族元素は性質が似ているので，特別な名前で呼ばれることがある．たとえば，水素を除く第 1 族は**アルカリ金属 (alkali metal)**，ベリリウムとマグネシウムを除く第 2 族の元素は**アルカリ土類金属 (alkali earth metal)**，第 17 族は**ハロゲン (halogen)**，第 18 族は**希ガス (rare gas)** と呼ばれる．

第 1 族，第 2 族および第 12 ～ 18 族の元素を**典型元素 (representative element)**，第 3 ～ 11 族の元素を**遷移元素 (transition element)** と呼ぶ．

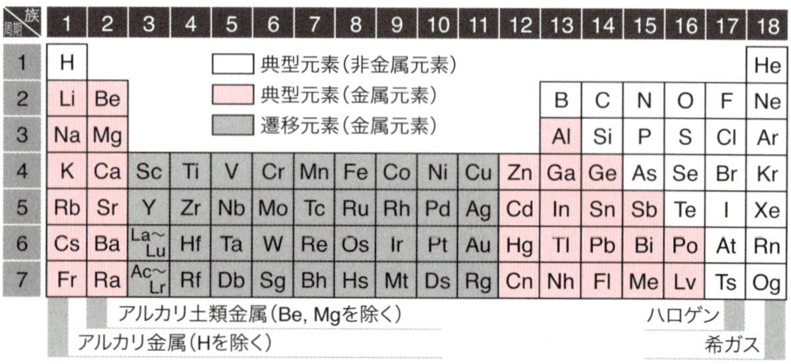

周期＼族	1	2	3	4	5	6	7	8	9	10	11	12	13	14	15	16	17	18
1	H																	He
2	Li	Be											B	C	N	O	F	Ne
3	Na	Mg											Al	Si	P	S	Cl	Ar
4	K	Ca	Sc	Ti	V	Cr	Mn	Fe	Co	Ni	Cu	Zn	Ga	Ge	As	Se	Br	Kr
5	Rb	Sr	Y	Zr	Nb	Mo	Tc	Ru	Rh	Pd	Ag	Cd	In	Sn	Sb	Te	I	Xe
6	Cs	Ba	La～Lu	Hf	Ta	W	Re	Os	Ir	Pt	Au	Hg	Tl	Pb	Bi	Po	At	Rn
7	Fr	Ra	Ac～Lr	Rf	Db	Sg	Bh	Hs	Mt	Ds	Rg	Cn	Nh	Fl	Me	Lv	Ts	Og

典型元素（非金属元素）
典型元素（金属元素）
遷移元素（金属元素）
アルカリ土類金属（Be, Mgを除く）
アルカリ金属（Hを除く）
ハロゲン
希ガス

図 1-12 元素の周期表

遷移元素はすべて金属なので，**遷移金属（transition metal）**といわれることも多い．遷移元素が似た性質を示すことから，このように分類される．

1-8 分子と分子式

この節のキーワード
分子式，組成式，イオン式

最後に，物質の元素記号による表し方を見ておこう．すでに見たように，水は水素（H）2 原子，酸素（O）1 原子からなる分子を形成している．このような分子を H_2O と表す．H の右下の 2 は原子が 2 個であることを表す．酸素原子が 1 つあるが，1 という数字は書かずに省略する．過酸化水素分子は H_2O_2 だ．このように分子を構成原子の数で表したものを**分子式（molecular formula）**という．

一方，物質には分子を形成しないものもある．たとえば，金属やダイヤモンドは，原子がつながりあって物質全体をかたち作っている．また，塩化ナトリウム（いわゆる塩（しお））ではナトリウムイオンと塩化物イオンが同数つながりあってできている．このような物質を表す場合には元素の混合比を用いる．ダイヤモンドは炭素原子（C）だけからなるので C と書く．また，塩化ナトリウムはナトリウムイオン（Na^+）と塩化物イオン（Cl^-）が同数集まってできているので，NaCl と表す．このような表し方を**組成式（composition formula）**という．

ナトリウムイオンはナトリウム原子が 1 つ電子を失って +1 の正電荷をもつので，右肩に + を書いて Na^+ と書く．このような表し方を**イオン式（ionic formula）**という．酸素原子は 2 つの電子を受け取って −2 の電荷をもつ場合がある．このようなイオンは O^{2-} と書く．

章末問題

1 次の物質を純物質と混合物に分類せよ．
(1)アンモニア水，(2)窒素，(3)空気，(4)水

2 次の原子の中の陽子，中性子，電子の数を求めよ．
(1) ^{6}Li，(2) ^{35}Cl，(3) ^{235}U

3 ^{137}Cs の数が半分になるまでの時間（半減期）は 30 年だ．では，4 分の 1 になるのに何年かかるか．また，1％未満になるのは何年後か．

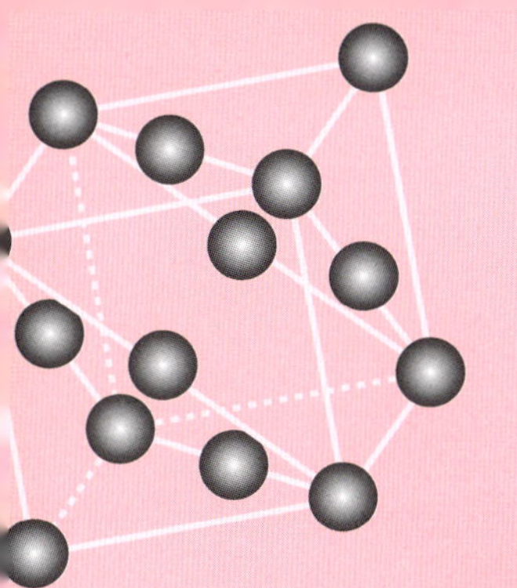

第2章 物質量と化学反応式

Amount of Substance and Chemical Equation

この章で学ぶこと

物質を構成している原子・分子を定量的に扱う際には，原子・分子の数を考えるのが妥当だ．しかし，われわれが手に取ったり，目で見たりする量の物質中にはあまりにも多数（10^{23} 個レベル）の原子・分子があるので，個数をそのまま使うのは不便だ．本章では，この不便をなくす目的で用いる物質量（単位はモルだ）について学ぶ．物質量の概念を用い，原子量，分子量などの基本的な量について整理する．また，物質量を用いた溶液の濃度の表し方についてまとめる．それらを踏まえて化学反応の前後の物質の量的変化について考える．

2-1　原子量，分子量，式量

この節のキーワード
原子量，分子量，式量

物質は原子・分子が多数集まったものである．原子・分子は非常に小さいので，集まる数は膨大である．物質について化学的に考察する際は，原子・分子の数の比がたいへん重要になる．たとえば，水の分子１つは，酸素原子１つと水素原子２つからできている．一方，物質を実際に取り扱う際には，その物質の質量を測るのが自然だ．たとえば，酸素分子 16 g と水素分子約 4 g が反応すると過不足なく水分子ができる．原子数の比を考える場合と質量の比を考える場合では元素の比率は異なる．水の例では，原子数の比は酸素：水素 ＝ 1：2 であるのに対して，質量の比は酸素：水素 ＝ 4：1（16：4）となっている．この差異は，元素（この場合は酸素と水素）の１原子あたりの質量が異なることから生まれる．

原子の質量はとても小さくて扱いにくい[*1]ので，^{12}C 原子１個の質量を基準に考える．すなわち，^{12}C 原子１個の質量を 12 と定め，他の原子の

＊1　炭素原子１個の質量は 1.9926×10^{-23} g だ．

質量を相対比で示す．^{1}H の相対質量は 1.0078，^{16}O は 15.995 である．原子の相対質量は，その質量数に近い値となる．

原子量はこの相対質量を元素ごとに求めたものである．原子量の算出には，元素がいくつかの同位体からなっていることも考慮する．たとえば，水素は ^{1}H と ^{2}H の 2 つの同位体からなる*2．^{1}H と ^{2}H は，それぞれ天然には 99.985%，0.015%存在する*3．^{1}H と ^{2}H の ^{12}C に対する相対質量はそれぞれ 1.0078，2.0142 である．このとき，水素という元素の ^{12}C に対する相対質量は

*2 ^{2}H を D と書くことも多い．
*3 この比率を天然存在比という．

$$1.0078 \times \frac{99.985}{100} + 2.0142 \times \frac{0.015}{100} = 1.0080 \tag{2-1}$$

と求めることができる．これを**原子量(atomic weight)**という．

例題 2-1 塩素は ^{35}Cl と ^{37}Cl の同位体をもち，その天然存在比はそれぞれ 75，25%である．各同位体の $^{12}C = 12$ に対する質量比は質量数に等しいとして，Cl の原子量を求めよ．

解答

$$35 \times \frac{75}{100} + 37 \times \frac{25}{100} = 35.5 \tag{2-2}$$

よって，Cl の原子量は 35.5 である．

分子についても，原子の場合と同様に ^{12}C 原子の質量を 12 として，分子の質量を相対比で示す．この値を**分子量(molecular weight)**という．たとえば水分子 H_2O は水素原子 2 個と酸素原子 1 個からなるので，その分子量は

$$1.0 \times 2 + 16 \times 1 = 18 \tag{2-3}$$

である．

金属やイオン結晶など，分子を構成単位とせずに原子やイオンが集合してできた物質がある．その場合にはその物質の組成を組成式で表す*4．このとき，組成式を構成する元素の原子量の総和である**式量（formula weight）**が用いられる．たとえば NaCl の式量は，Na，Cl の原子量がそれぞれ 23，35.5 なので

*4 1-5 節参照．

$$23 \times 1 + 35.5 \times 1 = 58.5 \tag{2-4}$$

である．

例題 2-2 原子量を C：12，O：18，Ca：40，Cl：35.5 として以下の問いに答えよ．

(1) 二酸化炭素 CO_2 の分子量を求めよ．

(2) 塩化カルシウム $CaCl_2$ の式量を求めよ．

(3) グラファイト(炭素)の式量を求めよ．

解答

(1) $12 \times 1 + 16 \times 2 = 44$ より 44

(2) $40 \times 1 + 35.5 \times 2 = 111$ より 111

(3) 12

2-2 物質量

この節のキーワード
物質量，アボガドロ数，モル

12 g の ^{12}C は，6.02×10^{23} 個の原子からなる．この数を**アボガドロ数（Avogadro's number，アボガドロ定数ともいう）**という．2-1 節の議論から，1.0078 g の ^{1}H 原子や 18 g の水分子などもアボガドロ数個の原子，分子からなることがわかる．このようなアボガドロ数個の粒子の集団を 1 モルと呼び，1 mol という記号で表す．モル単位で示した物質の量を**物質量（amount of substance）**という．逆にいうと，1 mol の物質に含まれる構成粒子の数がアボガドロ数である．

例題 2-3

(1) 水分子 9 g の物質量はいくらか．

(2) 酸素分子 2 mol の中に酸素分子は何個あるか．

(3) 酸素分子 2 mol の中に酸素原子は何個あるか．

解答

(1) $\dfrac{9}{18}$ より 0.5 mol

(2) $2\,\mathrm{mol} \times 6.02 \times 10^{23} = 1.2 \times 10^{24}$ より 1.2×10^{24} 個

(3) 酸素分子は酸素原子 2 個からできているので，(2) の倍で 2.4×10^{24} 個

この節のキーワード
体積モル濃度，質量モル濃度

2-3 濃 度

砂糖や塩を水に溶かすと，透明で均一な液体になる．このとき，砂糖や塩を**溶質（solute）**，水を**溶媒（solvent）**，できた液体を**溶液（solution）**という．化学の実験では，溶液を混合して化学反応を起こし，さまざまな物質の合成や分析を行う場合が多い．このような実験では，溶液の中に目的とする成分（溶質）がどのくらい入っているか，つまり**濃度（concentration）**が重要である．濃度は，溶液に含まれる溶質の量を表す数値である．場合によって使い分けると便利なので，濃度の表し方にはいくつかの種類がある．各種濃度の間の換算も重要だ．

濃度の間違いがノーベル賞に
2000年に白川秀樹博士は導電性プラスチックであるポリアセチレンを合成した成果によってノーベル賞を受賞した．合成の成功のきっかけは，触媒の濃度を共同研究者が誤って1000倍にしたことだそうだ．間違えるといいことがある？

2-3-1 質量パーセント濃度

溶液の質量を100としたときの溶質の質量を**質量パーセント濃度（mass percent concentration）**という．x g の溶質を $(100-x)$ g の溶媒に溶かして100 g の溶液にしたとき，その溶質の濃度は x %である．溶液の量は必ずしも100 g である必要はない．下の式で計算できる．

$$\text{質量パーセント濃度}[\%] = \frac{\text{溶質の質量}}{\text{溶液の質量}} \tag{2-5}$$

たとえば塩化ナトリウム20 g を水180 g に溶かしたとき，溶液の質量パーセント濃度は

$$20 \times \frac{100}{20+180} = 10 \tag{2-6}$$

より，10%である．

より希薄な溶液の場合は，式(2-5)の倍率部分(×100)を大きくした濃度が使われる．以下のものを知っていると便利だ．

$\times 10^3$：‰（パーミルと読む），$\times 10^6$：ppm，$\times 10^9$：ppb，$\times 10^{12}$：ppt

ppm, ppb, ppt
それぞれ以下の英語の略語である．ppm：parts per million, ppb：parts per billion, ppt：parts per trillion．気体の場合は体積の割合で示すことが多い．

例題 2-4 砂糖10 g を190 g の水に溶かした．濃度は何パーセントか．

解答 砂糖10 g を水190 g に溶かしたとき，溶液の質量パーセント濃度は

$$10\ \text{g} \times \frac{100}{(10+190)\ \text{g}} = 5$$

より，5%である．

例題 2-5 塩 2×10^{-6} g を水に溶かして 100 g にした．濃度は何 ppm か．

解答

$$2 \times 10^{-6}\,\mathrm{g} \times \frac{10^{6}}{100\,\mathrm{g}} = 0.02$$

より，0.02 ppm である．

2-3-2 モル濃度

溶液中の溶質の物質量がわかると，化学反応などを考えるのに都合がいい．そのために**モル濃度(molar concentration)**が使われる．**体積モル濃度（molarity）**は，溶液 1 L 中に溶けている溶質の物質量である．濃度は下の式で計算できる．

$$\text{体積モル濃度}[\mathrm{mol\,L^{-1}}]^{*5} = \frac{\text{溶質の物質量}[\mathrm{mol}]}{\text{溶液の体積}[\mathrm{L}]} \tag{2-7}$$

単位 $\mathrm{mol\,L^{-1}}$ は mol/L と書いてもよい．たとえば塩化ナトリウム[*6] 5.85 g を水に溶かして 500 mL の溶液としたとき，体積モル濃度は

$$\frac{5.85\,[\mathrm{g}]}{58.5\,[\mathrm{g\,mol^{-1}}]} \times \frac{1000\,[\mathrm{mL/L}]}{500\,[\mathrm{mL}]} = 0.200\,[\mathrm{mol\,L^{-1}}] \tag{2-8}$$

より，$0.200\,\mathrm{mol\,L^{-1}}$ である．

*5 体積モル濃度の単位 $\mathrm{mol\,L^{-1}}$ は M と略記される場合がある．

*6 式量は NaCl = 58.5 である．

例題 2-6 塩化ナトリウム 5.85 g を水に溶かして 100 mL の溶液とした．この溶液の体積モル濃度を有効数字 3 桁で求めよ．

解答 NaCl の式量は 58.5 であるから，物質量は 5.85/58.5 = 0.1 mol である．また，100 mL は 0.1 L である．したがって，体積モル濃度は

$$\frac{0.1\,[\mathrm{mol}]}{0.1\,[\mathrm{L}]} = 1.00\,[\mathrm{mol\,L^{-1}}] \tag{2-9}$$

より，$1.00\,\mathrm{mol\,L^{-1}}$ と求まる．

例題 2-7 塩化マグネシウム 9.53 g を水に溶かして 1 L の溶液とし

たとき，塩化物イオン(Cl^-)のモル濃度はいくらか．

解答　$MgCl_2$ の式量は 24.3 + 2 × 35.5 = 95.3 である．したがって $MgCl_2$ の体積モル濃度は

$$\frac{9.53\,[\mathrm{g}]}{95.3\,[\mathrm{g\,mol^{-1}}]}\frac{1}{1\,[\mathrm{L}]} = 0.100\,[\mathrm{mol\,L^{-1}}] \quad (2\text{-}10)$$

より，0.100 mol L^{-1} である．$MgCl_2$ の 1 mol から Cl^- は 2 mol 生じるので，Cl^- の体積モル濃度は 0.200 mol L^{-1} と求まる．

同じ溶液であっても，質量パーセント濃度と体積モル濃度は異なる値となる．この 2 種類の濃度の換算には**密度(density)**が必要である．密度は単位体積あたりの質量である．通常は 1 cm^3 あたりの質量を g で測って密度とする．このとき，単位は g cm^{-3} である．もっともこれは SI 単位ではない．SI 単位では kg m^{-3} ととすべきである．

溶液の密度がわかっていると，質量パーセント濃度と体積モル濃度の換算ができる．質量パーセント濃度が 10 % の NaCl 水溶液の密度が 1.07 g cm^{-3} であることを使って体積モル濃度を求めよう．100 g の水溶液の体積は 100/1.07 cm^3 である．一方，100 g の水溶液中には NaCl が 10 g 含まれている．これは 10/58.5 mol である．したがって，この溶液の体積モル濃度は

$$\frac{10\,[\mathrm{g}]}{23+35.5\,[\mathrm{g\,mol^{-1}}]}\Bigg/\frac{100\,[\mathrm{g}]}{1.07\,[\mathrm{g\,cm^{-3}}]\times 10^3\,[\mathrm{cm^3\,L^{-1}}]} = 1.83\,[\mathrm{mol\,L^{-1}}] \quad (2\text{-}11)$$

と求めることができる．

例題 2-8　濃硫酸の体積モル濃度を求めよ．ただし，濃硫酸は 98% の H_2SO_4 水溶液であり，密度は 1.84 g cm^{-3} である．

解答　H_2SO_4 の分子量は 98 である．100 g の濃硫酸には 98 g の H_2SO_4 が含まれているので，体積モル濃度は

$$\frac{98\,[\mathrm{g}]}{98\,[\mathrm{g\,mol^{-1}}]}\Bigg/\frac{100\,[\mathrm{g}]}{1.84\,[\mathrm{g\,cm^{-3}}]\times 10^3\,[\mathrm{cm^3\,L^{-1}}]} = 18.4\,[\mathrm{mol\,L^{-1}}] \quad (2\text{-}12)$$

より，18.4 mol L^{-1} である．

溶液の体積は温度によってわずかに変化するので，同じ溶液でも温度が

変わると体積モル濃度が少し変化してしまう．これが問題になる場合は，**質量モル濃度（molality）**を用いる．質量モル濃度は，溶液中の**溶媒** 1 kg に溶けている溶質の物質量で表す．

$$\text{質量モル濃度}\ [\mathrm{mol\,kg^{-1}}] = \frac{\text{溶質の物質量}[\mathrm{mol}]}{\text{溶媒の質量}[\mathrm{kg}]} \tag{2-13}$$

例題 2-9 塩化ナトリウム 5.85 g を水に溶かして 100 mL の溶液とした．溶液の密度が $1.04\ \mathrm{g\,mL^{-1}}$ であるとして，この溶液の質量モル濃度を有効数字 3 桁で求めよ．

解答 NaCl の式量は 58.5 であるから，溶液中の NaCl の物質量は

$$5.85/58.5 = 0.1\ \mathrm{mol}$$

である．一方，溶液の質量は

$$100[\mathrm{mL}] \times 1.04[\mathrm{g\,mL^{-1}}] = 104[\mathrm{g}]$$

である．したがって，溶液中の溶媒（水）の質量は $104 - 5.85 = 98.15\ [\mathrm{g}] = 0.09815[\mathrm{kg}]$ となる．したがって，質量モル濃度は

$$\frac{0.1[\mathrm{mol}]}{0.09815[\mathrm{kg}]} = 1.02\ [\mathrm{mol\,kg^{-1}}] \tag{2-14}$$

より，$1.02\ \mathrm{mol\,kg^{-1}}$ と求まる．

例題 2-10 質量パーセント濃度が 34% の過酸化水素（H_2O_2）水溶液がある．この溶液を希釈して $0.1\ \mathrm{mol\,L^{-1}}$ の溶液を 500 mL 作りたい．何 g の溶液を 500 mL に希釈すればよいか．

解答 まず，できた溶液の中に含まれる H_2O_2 の質量を求める．H_2O_2 の分子量は 34 であるから，求める質量は

$$34[\mathrm{g\,mol^{-1}}] \times 0.1[\mathrm{mol\,L^{-1}}] \times 0.5[\mathrm{L}]$$

で計算できる．一方，x g の H_2O_2 溶液中に含まれる H_2O_2 の質量は $0.34x$ g であるから，

$$0.34x = 34[\mathrm{g\,mol^{-1}}] \times 0.1[\mathrm{mol\,L^{-1}}] \times 0.5[\mathrm{L}]$$

である．これを解くと $x = 5$ となる．求める質量は 5 g である．

2-3-3 モル分率

溶液について理論的に考える際によく使われる濃度に**モル分率（mole fraction）**がある．モル分率は，溶液構成成分の中の物質量の比である．たとえば溶液が成分1と2からなり，それぞれの物質量が n_1，n_2 [mol] であるとすると，成分1のモル分率 x_1 は

$$x_1 = \frac{n_1}{n_1 + n_2} \tag{2-15}$$

で定義される．式からわかるように，モル分率は0から1までの間の値をとる．たくさんの成分1，2，3…を含む場合にはその総和に対する比をとる．

$$x_1 = \frac{n_1}{n_1 + n_2 + n_2 + \cdots} \tag{2-16}$$

同様にして成分2, 成分3のモル分率も定義できる．モル分率の定義から，すべての成分のモル分率を加えると1になる．

$$x_1 + x_2 + \cdots = \frac{n_1}{n_1 + n_2 + \cdots} + \frac{n_2}{n_1 + n_2 + \cdots} + \cdots = \frac{n_1 + n_2 + \cdots}{n_1 + n_2 + \cdots} = 1 \tag{2-17}$$

例題 2-11 質量パーセント濃度が34％の過酸化水素（H_2O_2）溶液中の過酸化水素，水のモル分率を求めよ．

解答 100 g の溶液を考える．この中に過酸化水素は 34 g，水は 66 g 含まれている．それぞれの物質量は

$$n_{H_2O_2} = \frac{34\,[\mathrm{g}]}{34\,[\mathrm{g\,mol^{-1}}]} = 1.00\,[\mathrm{mol}] \tag{2-18}$$

$$n_{H_2O} = \frac{66\,[\mathrm{g}]}{18\,[\mathrm{g\,mol^{-1}}]} = 3.67\,[\mathrm{mol}] \tag{2-19}$$

であるから，それぞれのモル分率は

$$x_{H_2O_2} = \frac{1.00\,[\mathrm{mol}]}{1.00\,[\mathrm{mol}] + 3.67\,[\mathrm{mol}]} = 0.21 \tag{2-20}$$

$$x_{H_2O} = \frac{3.67\,[\mathrm{mol}]}{1.00\,[\mathrm{mol}] + 3.67\,[\mathrm{mol}]} = 0.79 \tag{2-21}$$

である．和が1になっていることを確認しよう．

2-4　化学反応式，反応式の係数

この節のキーワード
化学変化，化学反応式，反応式の係数

第1章で，物質の成り立ちについて学んだ．物質は，原子がつながりあってできている．水は，水素原子2つ，酸素原子1つからできたH_2Oという分子の集合体だ．冷やして氷にしても，温めて水蒸気にしてもH_2Oという分子の集合体であることに変わりはない．このような変化を**物理変化(physical change)**という．

一方，水素分子H_2と酸素分子O_2の混合物に点火すると水が生じる．このとき，水素分子や酸素分子と異なる分子であるH_2O分子が生じている．このように，変化の前後で物質の種類(あるいは原子のつながり方)が変化する場合，この変化を**化学変化(chemical change，化学反応)**という．化学変化を起こす前の物質を**反応物（reactant)**，起こした後できる物質を**生成物（product）**という．すべての化学変化において，反応物の質量の総和と生成物の質量の総和は等しい．これを**質量保存の法則（law of conservation of mass）**という．化学変化が原子のつながり方の変化であることを知っている今日のわれわれにとっては当然のことであるが，原子の存在が知られていなかった時代に発見された法則であり，化学の基礎を作った歴史的意義の大きな法則だ．

さまざまな法則
原子の存在を示す傍証には，質量保存の法則の他に定比例の法則，倍数比例の法則がある．定比例の法則は，ある化合物中の元素の割合は一定であるという法則であり，倍数比例の法則はある元素に化合する別の元素の質量の比が簡単な整数比になるという法則である．どちらも原子や分子の存在がわかっていれば当然の法則である．しかし歴史的には，これらの実験的法則の上に化学の基礎が組み立てられていった．

水素と酸素から水が生成する化学反応では，反応する水素分子，酸素分子，水分子の個数の比は2：1：2である．これは，分子をかたち作る原子の数によって決まっている．つまり，水分子H_2Oを作るためには，水素原子が酸素原子の倍の個数必要となる．これを，次のような**化学反応式(chemical equation)**で表す．

$$2\,H_2 + O_2 \longrightarrow 2\,H_2O \qquad (2\text{-}22)$$

化学反応式では，矢印の左側が反応物，右側が生成物である．化学反応では，原子のつながり方だけが変化し，原子数は変化しない．このことを化学反応式にも反映させるため，化学反応式の反応物，生成物の数を同じにする．そのために分子式の前に**係数(coefficient)**をつける．この係数は，化学反応を起こす分子数の比であり，物質量の比でもある．

化学反応式を作るには，矢印の左側に反応物，右側に生成物の分子式(組成式でもよい）を書き，そのあと係数を決めていけばよい．水素と酸素の場合は次のようになる．

(1) 反応物と生成物を矢印でつなぐ．

$$H_2 + O_2 \longrightarrow H_2O \quad (2\text{-}23)$$

(2) 元素ごとに両辺の原子数を比較する．今の場合は水素については反応物と生成物で同じだが，酸素原子の数が異なる．

(3) 原子数が反応物と生成物で合わない場合，両辺の化合物に整数の係数をつけて原子数を合わせる．上の式で酸素原子の数を合わせるならば，生成物に係数2をつけて

$$H_2 + O_2 \longrightarrow 2\,H_2O \quad (2\text{-}24)$$

となる．

(4) これをすべての元素について繰り返し，係数を決める．今の場合は酸素の数を合わせたために水素の数が変わってしまったので，H_2の前にさらに係数をつける．

$$2\,H_2 + O_2 \longrightarrow 2\,H_2O \quad (2\text{-}25)$$

これで完成だ．

例題 2-12 メタン（CH_4）の燃焼（O_2との反応）によって二酸化炭素（CO_2）と水（H_2O）ができる反応の反応式を書け．

解答

$$CH_4 + 2\,O_2 \longrightarrow CO_2 + 2\,H_2O \quad (2\text{-}26)$$

考えの道筋は以下の通り．

(1) 反応物と生成物を矢印でつなぐ

$$CH_4 + O_2 \longrightarrow CO_2 + H_2O \quad (2\text{-}27)$$

(2) 元素ごとに両辺の原子数を比較する．今の場合炭素については反応物と生成物で同じだが，水素，酸素原子の数が異なる．

(3) 酸素原子はO_2，CO_2，H_2Oの3つに現れるが，水素はCH_4とH_2Oにしか現れない．そこでまず水素の数を合わせる．

$$CH_4 + O_2 \longrightarrow CO_2 + 2\,H_2O \quad (2\text{-}28)$$

(4) 水素と炭素の数は同じになったが，酸素原子の数が合わない．反応物は2個，生成物中の酸素原子の総和は4個だ．そこで，反応物のO_2に係数2をつける．

$$CH_4 + 2\,O_2 \longrightarrow CO_2 + 2\,H_2O \qquad (2\text{-}29)$$

これで完成だ.

2-5 化学反応と量的関係

この節のキーワード
量的関係

正しい化学反応式が書けると，そこから化学反応前後の量的関係を知ることができる．たとえば

$$2\,H_2 + O_2 \longrightarrow 2\,H_2O \qquad (2\text{-}30)$$

の反応の場合，分子式の前にある係数は，反応する，あるいは生成する分子の数の比である．分子数の比は物質量の比でもあるので，反応による物質量の変化を知ることができる．この場合は，2 mol の H_2 と 1 mol の O_2 が反応して 2 mol の H_2O ができる．H_2，O_2，H_2O の分子量はそれぞれ 2，32，18 であるから，2 mol の H_2，1 mol の O_2，2 mol の H_2O はそれぞれ 4 g の H_2，32 g の O_2，36 g の H_2O である．こうして，反応する物質の質量比がわかる．なお，反応前後で質量が変化しないという質量保存の法則が成り立っていることを確認しよう．

例題 2-13 エタノール（C_2H_5OH）46 g の燃焼（O_2 との反応）によって二酸化炭素（CO_2）と水（H_2O）はそれぞれ何 g 生成するか．原子量を C：12，H：1，O：16 として計算せよ．

解答 エタノールの燃焼の化学反応式は

$$C_2H_5OH + 3\,O_2 \longrightarrow 2\,CO_2 + 3\,H_2O \qquad (2\text{-}31)$$

と書ける．C_2H_5OH，CO_2，H_2O の分子量はそれぞれ 46，44，18 である．エタノール 46 g は $46\ \mathrm{g}/46\ \mathrm{g\ mol^{-1}} = 1\ \mathrm{mol}$ なので，CO_2，H_2O はそれぞれ 2 mol，3 mol 生成する．したがってその質量は

$$CO_2：2\ \mathrm{mol} \times 44\ \mathrm{g\ mol^{-1}} = 88\ \mathrm{g}$$
$$H_2O：3\ \mathrm{mol} \times 18\ \mathrm{g\ mol^{-1}} = 54\ \mathrm{g}$$

である．

章末問題

1 ホウ素は ^{10}B と ^{11}B の同位体をもち，その天然存在比はそれぞれ

20%，80%である．各同位体の $^{12}C = 12$ に対する質量比は質量数に等しいとして，Bの原子量を求めよ．

2 以下の化合物の分子量または式量を求めよ．ただし原子量をH:1, C: 12，O：16，Na：23，Cl：35.5とする．

(1) H_2O (2) NaCl (3) C_2H_5OH

3 以下の問いに答えよ．

(1) 水分子2 molは何gか．

(2) CO_2 分子880 gは何molか．

4 水道水中のCl原子の濃度（ただしいろいろな化学形態をとっている）を1 mg/Lとする．これを体積モル濃度に換算せよ．

5 濃リン酸の体積モル濃度を求めよ．ただし，濃リン酸は H_3PO_4 の85%水溶液であり，密度は1.69 g cm^{-3} である．

6 ベンゼン(C_6H_6)の燃焼によって CO_2 と H_2O ができる反応の反応式を書け．

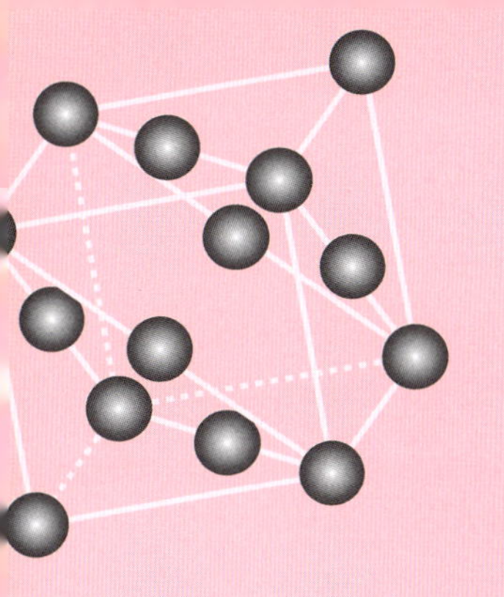

第3章 原子の構造

Structure of Atom

この章で学ぶこと

この章では原子の成り立ちとその性質について述べる．まず原子の構造について説明する．原子は重くて小さな原子核１つと，その周りのいくつか（0～100個程度）の電子からできている．原子の性質は電子の数によってほぼ決まっている．そのため，原子の中で電子がどのように存在しているかを理解することが重要だ．電子の状態は「量子力学」という20世紀に生まれた新しい物理学によって記述される．これについても簡単に述べる．そのあと実際の原子の性質についてまとめる．

3-1　原子の構造

この節のキーワード

原子核，電子

原子の内部構造，特に電子の状態について考察しよう．第１章で見たように，原子は，**原子核(nucleus)**と**電子(electron)**からできている(図3-1)．原子核は重く，電子は軽い．電子は -1.6×10^{-19} C の負電荷をもち，原子核はその整数倍の正電荷をもつ．電子は，正負の電荷が引き合う力(クーロン力)によって原子核の周りを運動している．電気的に中性(電荷の合計が0)の原子では，原子核の中の陽子の数と同数の電子が原子核の周りを運動している．

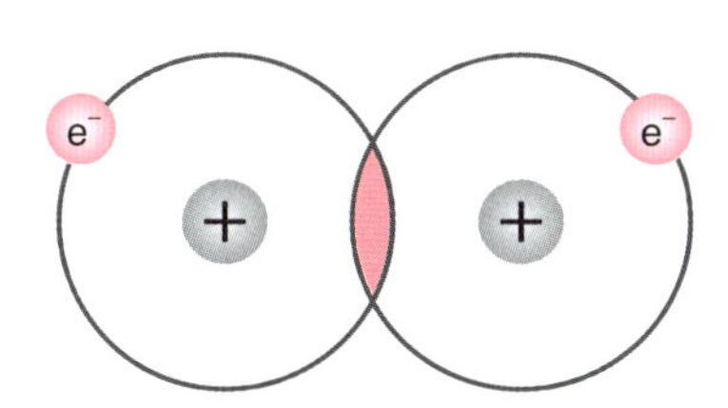

図 3-1　原子の構造と原子どうしの相互作用

nm と Å
nm（ナノメートル）は 10^{-9} m である．10^{-10} m を Å（オングストローム）という．こちらも覚えておこう．

物質の性質は原子どうしのつながり方とその変化で記述できる．したがって原子の外側が重要であり，そこには電子がある．だから，**物質の性質を考えるうえで大切なのは電子だ**．原子の大きさは，電子が原子核の周りを運動する領域の大きさである．原子は球形で，大きさは 0.1～0.3 nm である．

この節のキーワード
電子配置，電子殻，最外殻電子

3-2 電子配置

まず，原子の中の電子について概要をつかんでおこう．原子内に電子が複数あるとき，電子は原子核を中心とする層状の殻に内側から順に入っていく．この殻を**電子殻(electron shell)**という(図 3-2)．電子殻には，内側から順に K 殻，L 殻，M 殻…と名前がついている．K 殻，L 殻，M 殻…に入ることのできる電子は，それぞれ最大で 2，8，18…個である（表 3-1）．これは，K 殻を 1 番目として数えた順番を n としたとき，$2n^2$ の数である．

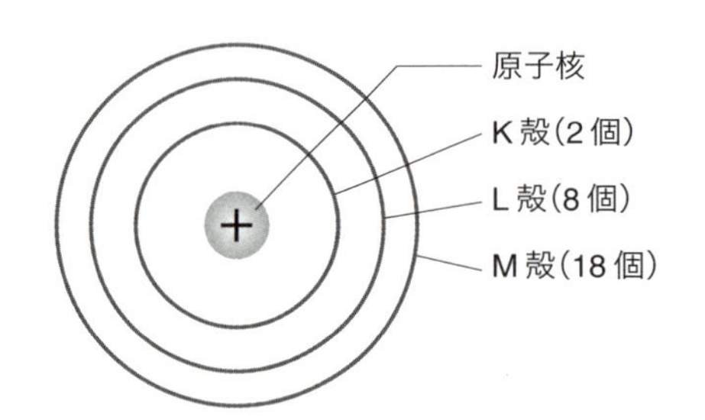

図 3-2　電子殻

表 3-1　それぞれの殻に入ることのできる電子の数

K 殻	L 殻	M 殻	N 殻
2	8	18	32

電子殻にどのように電子が入っているかを**電子配置（electron configuration)**という．例として $_{12}$Mg（マグネシウム)を考えてみよう．電子は内側から入っていくので，K，L 殻にそれぞれ 2，8 個の電子が入り，残りの 2 個が M 殻に入っている．3-1 節で示したように，原子が他の原子と相互作用するときは，原子の外側が重要となる．つまり，原子の化学的性質を論じるときには，最も外側の電子〔**最外殻電子（peripheral electron)**〕が重要だということになる．

原子の電子配置について考えるとき，最外殻電子を点で表して元素記号の周りに書くことがある．これを(ルイス(Lewis)の)電子式という．例を示すと ·H，Li·，·Ö· などである．最外殻の電子がすべて詰まったときに原子は安定になる．原子は結合を作ることでこれを実現している（詳しくは第 4 章で述べる)．その表現法として電子式は便利だが，電子式のみで説明できない現象も多いので，通常は次節以降に述べる副殻を用いて考える．

例題 3-1 次の元素の基底状態において，各電子殻にはそれぞれ何個の電子が入っているか．

(1) $_{8}O$ (2) $_{18}Ar$ (3) $_{35}Br$

解答 以下の表の通り．

元素	K殻	L殻	M殻	N殻
$_{8}O$	2	6		
$_{18}Ar$	2	8	8	
$_{35}Br$	2	8	18	7

例題 3-2 次の元素のルイス電子式を書け．

(1) $_{2}He$ (2) $_{4}Be$ (3) $_{9}F$

解答

(1) He: (2) ·Be· (3) ·F: (with dots above and below F)

3-3 量子論

この節のキーワード
波動関数，Schrödinger 方程式

原子・分子・電子のような「小さい」ものは，日常の感覚とまったく異なる物理法則に従う[*1]．その物理法則をまとめた体系を，**量子力学 (quantum mechanics)** という〔それに対して，巨視的な (大きい) 物体の従う法則の体系を**古典力学 (classical mechanics)** という〕．物質は小さな原子・分子からできている．したがって，化学を学ぼうとするわれわれは量子力学の考え方を身につけ，それを道具として用いなければならない．この節ではごく簡単に量子力学を紹介しよう．

*1 「大きい」ものも量子力学に従うが，大きい場合には古典力学との違いが非常にわずかである．

原子の構造を述べたとき，電子の**個数**について考えた．高度な検出器を使えば，電子を 1 つずつ検出することもできる．つまり，**電子は粒だ**．一方，電子を結晶の表面に当てると，散乱された電子が干渉を起こす．つまり，**電子は波としての性質を示す**．いろいろな実験や考察から，すべての物は粒であると同時に波であることがわかっている．これを**物質波 (matter wave)** という．原子の性質を考えるときには，粒としての電子の性質(何個あるか，など)と同時に電子が波としてどう振る舞うかを知る必要がある．

物質波
ド・ブロイ波ともいう．その波長は，物体の運動量を p として，h/p で与えられる．h はプランク定数と呼ばれ，6.626×10^{-34} Js という小さな値をもつ．

電子 (あるいはさまざまな小さな粒子) の振る舞いは，**波動関数 (wave function) ψ** によって記述される．波動関数は粒子位置の関数であり，

複素数の値をとる．その大きさの2乗は電子のその場所における**存在確率（existence probability）**を表している．つまり，ある原子の中の電子が細長い形の波動関数をもっていれば，その原子は細長い形であるということができる(電子が複数ある場合はそのすべてを考慮する)．この他にも波動関数は電子の振る舞いについてのすべての情報をもっていて，電子の運動量やエネルギーは波動関数から計算できる．

波動関数は，次の方程式から求めることができる．

$$-\frac{\hbar^2}{2m}\left(\frac{\partial^2\psi}{\partial x^2}+\frac{\partial^2\psi}{\partial y^2}+\frac{\partial^2\psi}{\partial z^2}\right)+V\psi=E\psi \quad (3\text{-}1)$$

ただし，$\hbar=\dfrac{h}{2\pi}$（$\hbar$ はエイチバーと読む．h はプランク定数），m は電子の質量，V はポテンシャルエネルギー，E は粒子のもつエネルギー，$\dfrac{\partial}{\partial x}$ などは偏微分の記号である．これを**シュレーディンガー（Schrödinger）方程式**という．これは量子力学の基礎方程式である．

水素分子の中の電子の運動を解きたい場合などにおいて，電子が受ける力はポテンシャルエネルギー V で表すことができる．解きたい問題の V を使ってシュレーディンガー方程式を作り，その方程式を解けば波動関数 ψ と電子のもつエネルギー E がどちらも得られる．本書ではこの方程式を解くことはしないが，電子の振る舞いはシュレーディンガー方程式から理解できることをわかっておこう．

ハミルトニアン演算子

式（3-1）の左辺の演算の部分をまとめて次のように書くことがある．

$$\hat{H}\psi(x,y,z)=E\psi(x,y,z) \quad (3\text{-}2)$$

$$\hat{H}=-\frac{\hbar^2}{2m}\Delta+V(x,y,z)=-\frac{\hbar^2}{2m}\left(\frac{\partial^2}{\partial x^2}+\frac{\partial^2}{\partial y^2}+\frac{\partial^2}{\partial z^2}\right)+V \quad (3\text{-}3)$$

こう書くとき，$\hat{H}$ は波動関数に微分や係数をかけるなどの操作を加えることを表す．このような働きをもつ記号を演算子という．$\hat{H}$ はハミルトニアンと呼ばれる演算子である．詳しくは，物理化学または量子化学の本を参照．

3-4 電子の波動性と原子

この節のキーワード
量子数，オービタル

原子中の電子のシュレーディンガー方程式を解いて得られる波動関数について考えよう．ここでは安定に存在している原子について考えているので，電子の運動によって原子の外形は変化しない．電子は波としての性質をもつので，ここで外形が変化しない波の運動を考えてみよう．

外形を変化させずに運動する波を**定常波（stationary wave）**という．縄跳びの縄の両端をもって，ゆっくりと振動させてみよう．真ん中だけが大きく振れ，両端はあまり振れないようにすることができる．もう少し速く振ると，両端と真ん中に動かない場所を作り，縄の長さの1/4，3/4の場所が大きく振れるようにできる．これらが定常波の例である（図3-3）．この例では，両端以外で動かない場所〔これを波の**節（node）**という〕の数

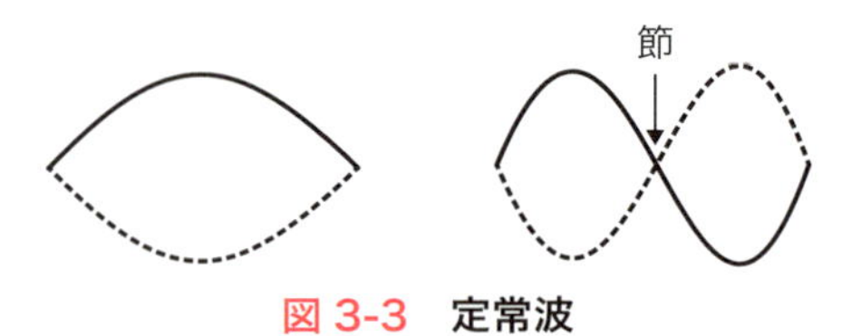

図3-3 定常波

は0と1である．節の数を2，3にすることはできるが，1.5などの非整数にすることはできない．ここからわかるように，定在波が安定に存在できる条件は飛び飛びである．

電子の波についても同じことがいえる．安定に存在している原子において，電子の波は定常波を作っている．したがって，電子の波が安定に存在できる状態は飛び飛びになる．原子における電子の波動関数を**原子オービタル（atomic orbital）**と呼ぶ．原子オービタルには形やエネルギーの異なるたくさんの(しかし数えることのできる)種類がある．縄跳びの縄の場合には，節の数(図3.3では0個と1個)によって定常波の種類を特定することができた．原子の中の電子の波の場合も同様に，整数によって波，つまりオービタルの種類を特定する．この整数のことを**量子数（quantum number）**という．原子オービタルを特定するための量子数は4種類あり，主量子数(n)，方位量子数(m_l)，磁気量子数(m_s)，スピン量子数(s)という名前がついている[*2]．原子にはたくさんのオービタルがある．電子がたくさんある場合には，これらのオービタルのうちエネルギーの低いものから順番に埋まっていく．以下で，量子数とオービタルの形状について示す．

オービタル
電子がある特定の経路を進むわけではないという意味で，英語では「軌道のようなもの」orbitalという言葉が「軌道」orbitの代わりに使われる．日本語ではカタカナでオービタルと呼ぶが，「1s軌道」といういい方も使われる．

*2　方位量子数は角運動量量子数とも呼ばれる．

3-5　量子数

この節では，原子の状態を規定する整数である4つの量子数と，それに付随する原子の特徴について述べる．

この節のキーワード
主量子数，方位量子数，磁気量子数，スピン量子数

3-5-1　主量子数(n = 1，2，3…)

主量子数nは，正の整数値をとる．オービタルのエネルギーをおおむね決めている量子数である．オービタルの節の数に1を加えた数に等しい．下で述べる方位量子数でできる節の数で足りない場合は，動径方向に節ができる．すなわち，原点からある距離のところの波動関数が0となる．

主量子数が1，2，3…であるオービタルをそれぞれK殻，L殻，M殻…と呼ぶ．3-1節で示したように，それぞれの殻に入ることのできる電子の数は最大$2n^2$個である．一方，主量子数nが同じでも，他の量子数（方位量子数，磁気量子数）が異なるオービタルが存在する．これを**副殻（subshell）**という．

3-5-2　方位量子数(l = 0，1，2，…，n − 1)

方位量子数は，0から$n-1$（nは主量子数）までの整数値をとる．オービタルの形を決めている量子数である．$l=0$のときはオービタルの形は球形である(図3-4)．これをsオービタルという．

$l=1$のときは3種類のオービタルがある（図3-5)．これをpオービタ

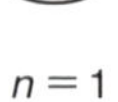

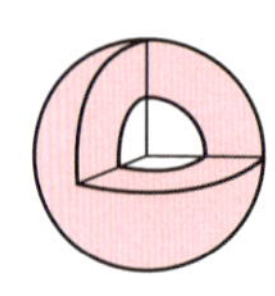

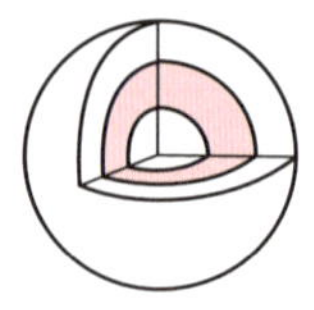

図 3-4 s オービタル(l = 0)
色は波動関数の符号を表している．白が正で赤色が負である．その境界では波動関数の値は 0 であり，節面と呼ばれている．

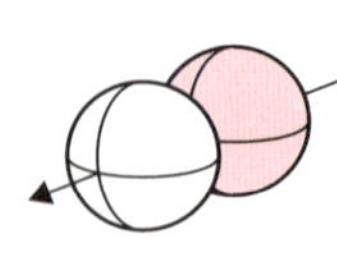
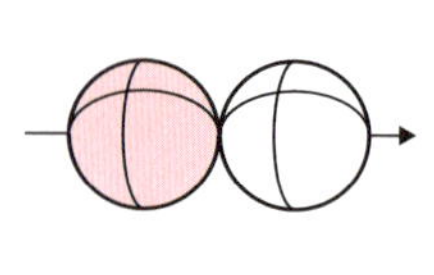

図 3-5 p オービタル(l = 1)
正負の境界(節面)は原点を通り軸と垂直な面である．

ルという．軸方向に釣鐘状に長く伸びた形となる．z 軸方向に伸びた場合には xy 平面上で波動関数の値が 0 となり，波の節となる．

$l = 2$ のときはオービタルの種類は 5 種類となる(図 3-6)．これを d オービタルという．複雑な形状をとるが，オービタルが 0 となる面が二つあるのが特徴だ．これらのオービタルの形は，原子どうしがつながって分子を作るときの形の元となる．

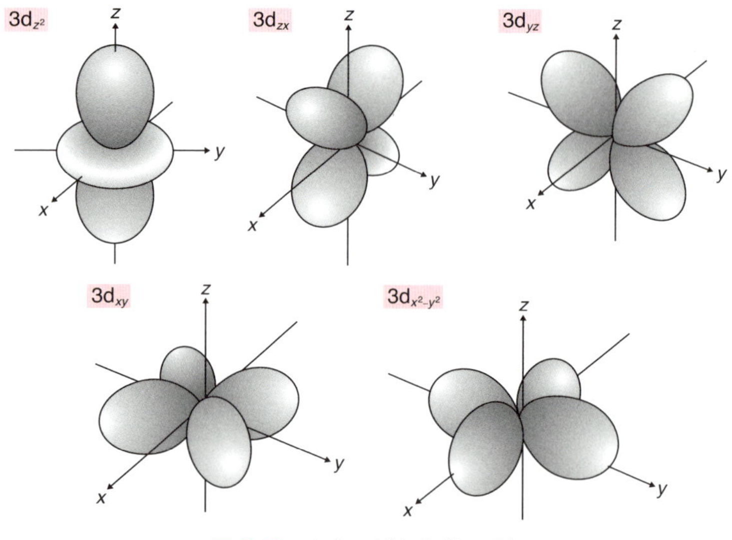

図 3-6 d オービタル(l = 2)
$3d_{z^2}$ の節面は 2 つの円錐であり，他の 4 つのオービタルの節面は直交する 2 つの平面になっている．

3-5-3 磁気量子数($m_l = -l, -(l-1), \cdots, -1, 0, 1, \cdots, (l-1), l$)

磁気量子数は，$-l$ から l（l は方位量子数）までの整数値をとる．$l = 0$ のとき $m_l = 0$，$l = 1$ のとき $m_l = -1$，0，1，$l = 2$ のとき $m_l = -2$，-1，0，1，2 となる．したがって，$l = 0$，1，2 に対してそれぞれ 1，3，5 種類のオービタルがある．これが表 3-2 で示すオービタルの種類となっている[*3]．磁場のない条件では m_l の異なるオービタルであっても，n と l が同じであれば同じエネルギーをもつ．

3-5-4　スピン量子数(m_s = 1/2, −1/2)

電子は固有の角運動量をもっている．電子が自転しているイメージだ[*4]．この角運動量は2つの値しかもたない．自転でいうなら右回りと左回りの2種類である．これらを α スピン，β スピンと呼ぶ．また，右ネジを回すときのイメージからこれらを上向き，下向きと呼ぶことがある．このスピンを区別する量子数がスピン量子数である．

n，l，m_l で決まるオービタルは電子が入ることのできる部屋のようなものである．電子は部屋(オービタル) 1つに対して α，β スピンの電子が1つずつ入ることができる．あるオービタルに2つの電子が入った状態を**電子対 (paired electron)** という．スピン対を作っていない電子を**不対電子(unpaired electron)** という．

*3 磁場の中ではこれらのオービタルのエネルギーが異なる値をとるようになるので磁気量子数という名前がついている．

角運動量
物体がある軸の周りに回っていることを示す物理量．

*4 理解を助けるために電子が自転していると表現したが，これは正しくないことがわかっている．スピンは，日常の現象からは類推できない「小さい世界」特有の現象だ．

スピンと磁石
スピンは磁石としての性質をもつ．そのため不対電子をもつ原子，分子は磁石に引き付けられる．

3-6　オービタルの名前とエネルギー

この節のキーワード
オービタル

オービタルの量子数を使って，以下の規則に従ってオービタルに名前をつける(表 3-2)．

① 主量子数をそのまま用いる
② 角運動量量子数 l = 0，1，2…に対して，s，p，d，f，g…と名づける
③ 磁気量子数，スピン量子数は考慮しない

たとえば，n = 1，l = 0 の場合は 1s オービタル，n = 2，l = 1 の場合は 2p オービタルという．

表 3-2　主量子数・方位量子数とオービタルの名称

名称	n	l	m_l				
1s	1	0			0		
2s	2	0			0		
2p		1		−1	0	1	
3s		0			0		
3p	3	1		−1	0	1	
3d		2	−2	−1	0	1	2

例題 3-3　次の量子数をもつオービタルの名前は何か．
(1) n = 2，l = 0　(2) n = 3，l = 1　(3) n = 3，l = 2

解答

(1) 2s オービタル (2) 3p オービタル (3) 3d オービタル

オービタルは，それぞれ異なるエネルギーをもっている．主量子数，方位量子数ともに，量子数が大きいほどエネルギーが高くなる．その大小関係は，図 3-7 に示される順になる．これに対して，磁気量子数とスピン量子数が異なってもエネルギーは同じである．したがって，s，p，d オービタルにはそれぞれ 2，6，10 個の電子が入ることができる．

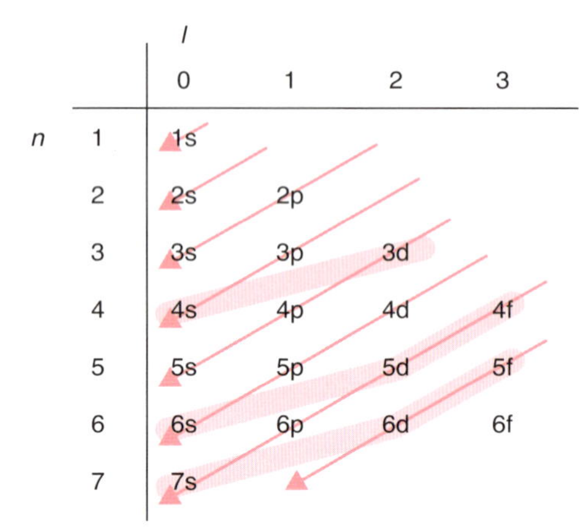

図 3-7 オービタルエネルギーの大小関係
電子は上から下，矢印の順のオービタルに入っていく．
赤色の部分では順序が入れかわることがある．

この節のキーワード
フントの規則，パウリの排他原理

基底状態
最も安定な状態が基底状態である．ここでいう「安定」は，エネルギーが低いことと同義だ．高いエネルギーの状態（励起状態）はエネルギーを他へ移して異なる状態になりうるが，低いエネルギーの状態はそのままの状態にとどまるからである．

3-7 電子配置

原子の中の電子は，原子オービタルのいずれかに入る．どのオービタルに何個の電子が入っているかを**電子配置(electron configuration)**という．ここでは，最も安定な状態(基底状態)の原子の電子配置について考える．基底状態の原子では，電子はエネルギーの低いオービタルに入る．しかし，各オービタルには α スピンと β スピンそれぞれ 1 つ(合わせて 2 つ)の電子しか入れない．これを**パウリの排他原理（Pauli's exclusion principle)**という．パウリの排他原理があるため，3 個目の電子は 2 番目にエネルギーの低いオービタルに入る．

5 個目から 10 個目までの電子は，3 番目に低いエネルギーをもつオービタルである 2p オービタルに入る．このとき，$m_l = -1, 0, 1$ に対応する 3 つのオービタルがある．この 3 つのオービタルに電子が入る入り方にはいくつかの可能性がある．エネルギーが等しいいくつかのオービタルに電子が複数入る場合には，できるだけ異なるオービタルに，それぞれの電子スピンをできるだけ同じ向きにそろえるように入る．これを**フントの規則(Hund's rule)**という．

以上の規則に従って原子の電子配置を考える．水素原子は電子を1つだけもつ原子である．このとき，最も軌道エネルギーの低い1sオービタルに1個の電子が入った状態が基底状態である．これを

$$\mathrm{H：(1s)^1}$$

と書く．

ヘリウム原子では，1sオービタルに上向き，下向きスピンの電子が1つずつ，全部で2個入る．

$$\mathrm{He：(1s)^2}$$

リチウム原子では，最もエネルギーの低い1sオービタルに2つ，その次にエネルギーの低い2sオービタルに1つ電子が入る(図3-8a)．

$$\mathrm{Li：(1s)^2(2s)^1}$$

炭素原子は，1sに2個，2sに2個，2pに2個入る(図3-8b)．

$$\mathrm{C：(1s)^2(2s)^2(2p)^2}$$

フントの規則により，2pオービタルに入る2つの電子は，できるだけ異なるオービタルに，スピンを揃えて入る．水素原子の電子，Li原子の2s電子，C原子の2p電子のように，オービタルに入っている電子が1つである場合，これを不対電子という．一方，最外殻にあるオービタルに2つの電子が入っている場合，この2つの電子を**孤立電子対(lone electron pair または lone pair)**という．

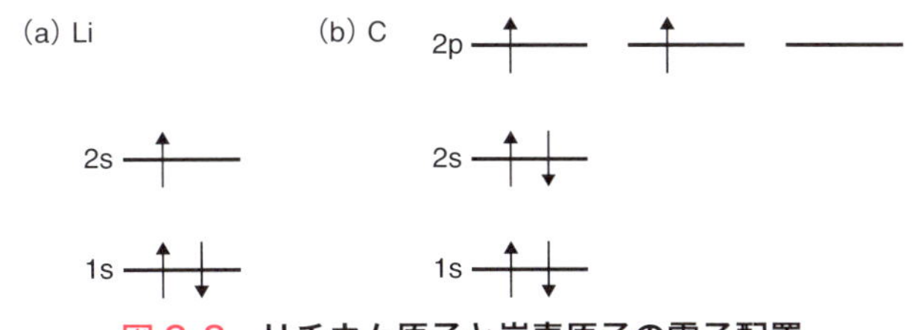

図3-8　リチウム原子と炭素原子の電子配置

例題3-4　図3-8にならって以下の原子の電子配置を書け．

(1) Be　(2) O　(3) Na

解答

(1)

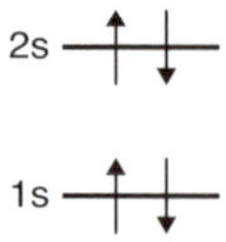

2s ↑↓

1s ↑↓

(2)

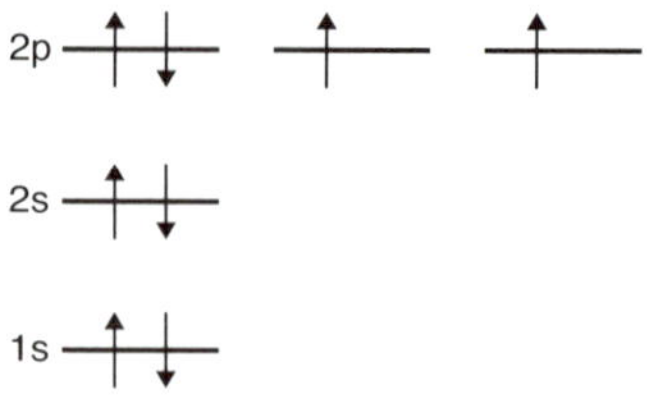

2p ↑↓ ↑ ↑

2s ↑↓

1s ↑↓

(3)

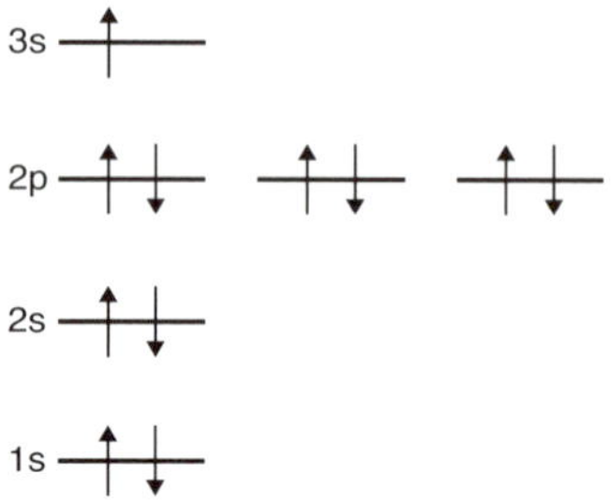

3s ↑

2p ↑↓ ↑↓ ↑↓

2s ↑↓

1s ↑↓

この節のキーワード
電子殻，副殻，閉殻，イオン化ポテンシャル，電子親和力，電気陰性度

3-8 原子の性質

主量子数 n が 1，2，3…であるオービタルを K 殻，L 殻，M 殻…と呼ぶ．電子殻という考え方だ．すでに見たように，原子の電子配置や性質を考えるときには，主量子数だけでなく方位量子数 l も考える必要がある．主量子数と方位量子数の両方で規定されるオービタルを副殻という[*5]．通常は副殻が議論の対象になるが，特性 X 線の放出など，原子の中のほうにある電子[*6]の関与する現象においては，K 殻，L 殻などが議論される場合がある．

副殻がすべて満たされた電子配置を**閉殻**（**closed shell**，閉殻構造ともいう）という．原子は閉殻構造のとき安定になる．1s，2s，2p オービタルが閉殻の原子はそれぞれ，He，Be，Ne である．希ガス元素である He，Ne，Ar，Kr などは，すべて閉殻である．そこで，とくに希ガスのもつ電子配置を**希ガス型電子配置（rare gas electron configuration）**と呼ぶ．閉殻から電子が少し多い，または少ない原子では，電子を放出，または取り込んでイオンとなって閉殻になる場合がある．たとえば $_{18}$Ar の電子配置は

$$\mathrm{Ar}：(1s)^2(2s)^2(2p)^6(3s)^2(3p)^6$$

である．これよりも 1 つ電子の多い原子 $_{19}$K の電子配置は

$$\mathrm{K}：(1s)^2(2s)^2(2p)^6(3s)^2(3p)^6(4s)^1$$

*5　つまり 1s，2s…などは副殻の名前だ．
*6　内核電子という．

閉殻
高校の教科書では K 殻，L 殻，M 殻などが満たされる場合を閉殻としている．しかしこの定義だと，Ar は L 殻が満たされていないので閉殻でないことになる．希ガスの安定性を「閉殻」と表現するには副殻が満たされているかどうかを考えるのが妥当だ．

となる．このうち $(4s)^1$ がなくなってイオンとなれば Ar と同じ，安定な閉殻構造となる．

$$K^+ : (1s)^2(2s)^2(2p)^6(3s)^2(3p)^6$$

同様にして，Ar よりも 1 つ電子の少ない原子 $_{17}Cl$ の電子配置は

$$Cl : (1s)^2(2s)^2(2p)^6(3s)^2(3p)^5$$

である．$(3p)^5$ に 1 つ電子が加わって陰イオンとなれば Ar と同じ，安定な閉殻構造となる．

$$Cl^- : (1s)^2(2s)^2(2p)^6(3s)^2(3p)^6$$

3-8-1 イオン化ポテンシャル

中性の原子から電子をひとつ取り出すにはエネルギーが必要である．このエネルギーを**イオン化ポテンシャル（ionization potential）**という．イオン化ポテンシャルは原子によって異なる．電子を放出しやすい原子はイオン化ポテンシャルが小さい．

イオン化ポテンシャルの値を原子番号に対してプロットすると図 3-9 のようになる．周期表の各周期において，希ガス原子のイオン化ポテンシャルが最も大きく，電子を取り除くのに大きなエネルギーが必要であることがわかる．希ガス原子よりも 1 つ多くの電子をもつ原子（アルカリ金属）はイオン化ポテンシャルが小さいため，電子を放出しやすいことがわかる．

イオン化ポテンシャル
原子から電子 1 個を取り去るときに必要なエネルギーを第 1 イオン化ポテンシャル，電子 1 個を取り去られたイオンからさらに電子 1 個を取り去るために必要なエネルギーを第 2 イオン化ポテンシャルという．第 3，第 4 も同様に考えられる．

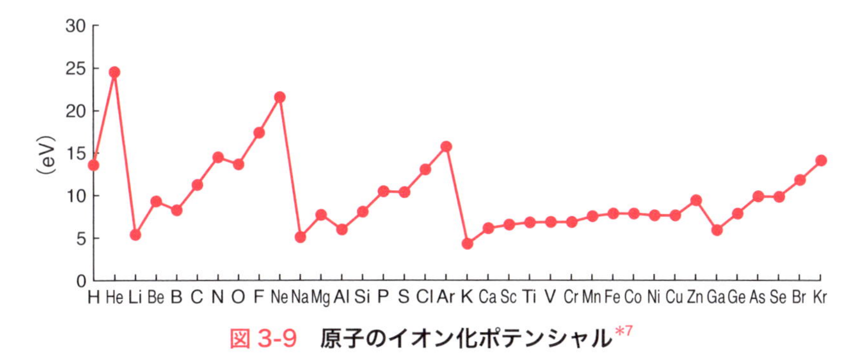

図 3-9 原子のイオン化ポテンシャル[*7]

*7 eV（電子ボルト）はエネルギーの単位である．
$1\,eV = 1.6 \times 10^{-19}\,J$

3-8-2 電子親和力

原子に電子が取り込まれて負イオンとなるとき，多くの原子は安定化されてエネルギーが発生する[*8]．このエネルギーを**電子親和力（electron affinity）**という．電子親和力は原子がどのくらい陰イオンになりやすい

*8 負イオンになりにくいため，負イオンにするためにかえってエネルギーを必要とする場合もある．その場合，電子親和力は負の値になる．図 3-10 で値のない元素は負の電子親和力をもつ．

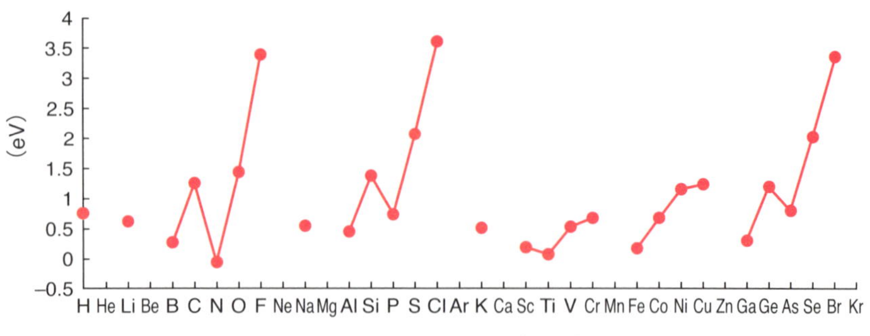

図 3-10　原子の電子親和力

かを表す数値であり，原子によって異なる値をとる．電子親和力が大きいほど，その原子は負イオンになりやすい．

電子親和力の値を原子番号に対してプロットすると図 3-10 のようになる．周期表の各周期において，希ガス原子よりも 1 つ電子の少ない原子(ハロゲン元素)の電子親和力が大きいことがわかる．

電気陰性度
イオン化ポテンシャルと電子親和力の平均として考えた電気陰性度をマリケンの電気陰性度という。ポーリングの電気陰性度においては，2 原子分子の結合エネルギーの実験値から電気陰性度を定義する（結合エネルギーは 2 原子分子を 2 つの原子に分解するために必要なエネルギーである．強い結合の結合エネルギーは大きい）．

3-8-3　電気陰性度

電子の原子に対する親和性を定量的に表すことができれば，そこから化学結合の性質が推定できる．このための数値として**電気陰性度(electronegativity)**が用いられる．電気陰性度にはいくつかの種類があるが，ポーリングが提唱した値を用いることが多い．表 3-3 にポーリングの電気陰性度を示す．電気陰性度の値が大きいほど，原子は負の電荷を帯びやすい．電気陰性度が最大の原子は F 原子であり，最小の原子は Cs 原子である．電気陰性度の値を使うと，結合している原子の間で電子が偏る度合いを知ることができる．このことは第 4 章で議論しよう．

表 3-3　電気陰性度

	1	2	3	4	5	6	7	8	9	10	11	12	13	14	15	16	17	18
1	H 21																	He
2	Li 1.0	Be 1.5											B 2.0	C 2.5	N 3.0	O 3.5	F 4.0	Ne
3	Na 0.9	Mg 1.2											Al 1.5	Si 1.8	P 2.1	S 2.5	Cl 3.0	Ar
4	K 0.8	Ca 1.0	Sc 1.3	Ti 1.5	V 1.6	Cr 1.6	Mn 1.5	Fe 1.8	Co 1.8	Ni 1.8	Cu 1.9	Zn 1.6	Ga 1.6	Ge 1.8	As 2.0	Se 2.4	Br 2.8	Kr
5	Rb 0.8	Sr 1.0	Y 1.2	Zr 1.4	Nb 1.6	Mo 1.8	Tc 1.9	Ru 2.2	Rh 2.2	Pd 2.2	Ag 1.9	Cd 1.7	In 1.7	Sn 1.8	Sb 1.9	Te 2.1	I 2.5	Xe
6	Cs 0.7	Ba 0.9		Hf 1.3	Ta 1.5	W 1.7	Re 1.9	Os 2.2	Ir 2.2	Pt 2.2	Au 2.4	Hg 1.9	Tl 1.8	Pb 1.8	Bi 1.8	Po 2.0	At 2.2	Rn
7	Fr 0.7	Ra 0.9																

3-9 周期律

この節のキーワード
周期律

元素の基底状態における電子配置を見返しの周期表に示した．これを見ると，原子の外側の電子配置が原子番号とともに周期的に変化していることがわかる．化学結合に関与する電子は外側の電子なので，元素の性質も周期的に変化する．これが元素の**周期律（periodic law）**である．周期律に基づき，元素を周期ごとに表にまとめたものを**周期表（periodic table）**という．

周期表では，左上から右下に向かって原子番号順に元素を並べていく．最もエネルギーの高い副殻の電子数が同じになるように**周期（period）**を決め，改行する[*9]．エネルギーの高い副殻の電子数が同じ場合には化学的性質が似てくる．このため，周期表の縦の列は性質の似た元素が並ぶことになる．この縦の列を**族（family）**という．左から1族，2族とし，18族までである．

*9 例外もある．探してみよう．

第1周期（$_{1}H$ ～ $_{2}He$）：$(1s)^1 \rightarrow (1s)^2$
第2周期（$_{3}Li$ ～ $_{10}Ne$）：$(2s)^2 \rightarrow (2s)^2(2p)^1 \rightarrow (2s)^2(2p)^6$
第3周期（$_{11}Na$ ～ $_{18}Ar$）：$(3s)^2 \rightarrow (3s)^2(3p)^1 \rightarrow (3s)^2(3p)^6$
第4周期（$_{19}K$ ～ $_{36}Kr$）：$(4s)^2 \rightarrow (4s)^2(3d)^1 \rightarrow (4s)^2(3d)^{10} \rightarrow (4s)^2(3d)^{10}(4p)^6$

ただし $(4s)^2(3d)^4$ でなく $(4s)^1(3d)^5$，$(4s)^2(3d)^9$ でなく $(4s)^1(3d)^{10}$ となる．

Sc ～ Zn において，最も外側の電子殻は 4s であり，内側の 3d に電子が入っていく．したがって，これらの元素においては 3d の電子数が違っても外側の電子配置が似ているので隣どうしの性質が似ている．これを**遷移元素（transition element）**という．

第5周期（$_{37}Rb$ ～ $_{54}Xe$）：$(6s)^2 \rightarrow (5s)^2(4d)^1 \rightarrow (5s)^2(4d)^{10} \rightarrow (5s)^2(4d)^{10}(5p)^6$
　ただし $(5s)^2(4d)^4$ でなく $(5s)^1(4d)^5$，$(5s)^2(4d)^9$ でなく $(5s)^1(4d)^{10}$
第6周期（$_{55}Cs$ ～ $_{86}Rn$）
　Ce から 4f オービタルに電子が入る．La から Lu までを**ランタノイド（lanthanoid）**という．
第7周期（$_{87}Fr$ ～ $_{103}Lr$）
　Pa から 5f オービタルに電子が入る．Ac から Lr までを**アクチノイド（actinoid）**という．

3-10 原子の安定性

原子は，希ガス型の電子配置をとるときが最も安定である．このことは非常に重要である．原子は周囲の原子と電子の受け渡しや結合によって安定な希ガス型電子配置をとる．電子の授受，原子間の結合は物質の化学的性質を決める．

ここでは電子の授受について考えよう．結合については次章で述べる．電子の受け渡しによって原子は**イオン（ion）**となる．電子を渡したほうは陽イオン，電子を受けた方は陰イオン[*10]である．

*10 原子が電荷をもつことによって原子どうしに力が働き，結合の形成や化学反応が起こるので，イオンについて理解することは重要である．

アルカリ金属元素のイオン化エネルギーは小さい．これは，アルカリ金属元素が希ガス型電子配置よりも1つ多い電子配置であるため，電子を1つ減らすと希ガス型電子配置となるためである．

章末問題

1 次の元素の基底状態において，K，L，M殻にはそれぞれ何個の電子が入っているか．

(1) Li (2) F (3) Na

2 次の元素のルイス電子式を書け．

(1) C (2) Na (3) Cl

3 次のオービタルにおいて，主量子数（n），方位量子数（l），磁気量子数(m)を書け．

(1) 1s (2) 2p (3) 4d

4 図3-8にならって以下の元素の電子配置を書け．

(1) N (2) F (3) Mg

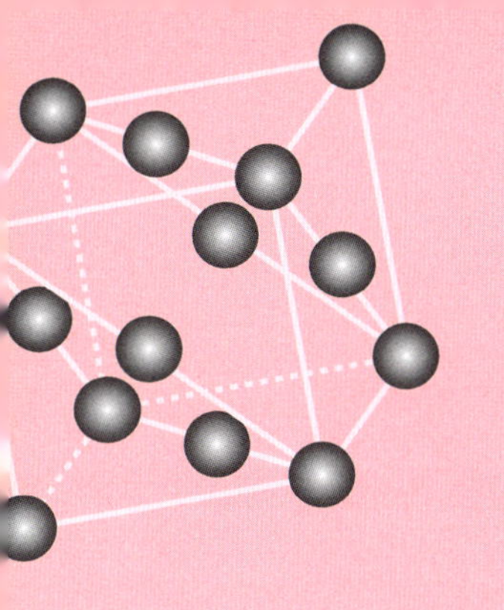

第4章 化学結合

Chemical Bond

この章で学ぶこと

目に見える大きさ（巨視的）の物質も，非常に小さな原子が多数つながりあってできている．したがって，物質の性質や反応は原子のつながり方とその変化によって決まっている．そこで本章では，原子のつながり方，つまり結合（化学結合）について考える．原子を結びつける結合にはいくつかの種類がある．まず，原子間をつなぐ基本的な結合である共有結合，配位結合，イオン結合，金属結合について学ぶ．これらの結合のみによって巨視的な大きさになる物質と，これらの結合で数個〜数10万個の原子が小さな集まり（分子という）を作る物質がある．分子を作る物質の場合，分子どうしを結びつける弱い力があり，これにより分子が集まって巨視的な物質となる．この分子間をつなぐ弱い結合である水素結合，分子間力についても学ぶ．

4-1　化学結合

この節のキーワード
化学結合

原子どうしをつなぐ**結合（化学結合，chemical bond）**は，原子核のもつ正電荷と電子のもつ負電荷によって生まれる．電荷の現れ方とその量によって，結合にはいくつかの種類がある．そして結合の種類によって，物質の性質は大きく変化する．したがって，化学結合を正しく理解することは重要である．

化学結合は，原子が希ガス型の電子配置をとろうとすることによって生じる．2種類の原子の間で電子の受け渡しがあり，片方が正イオン，もう片方が負イオンになると，正・負イオンの間に引力（クーロン力）が働き，結合する．これを**イオン結合（ionic bond）**という（図4-1 a）．身近な物

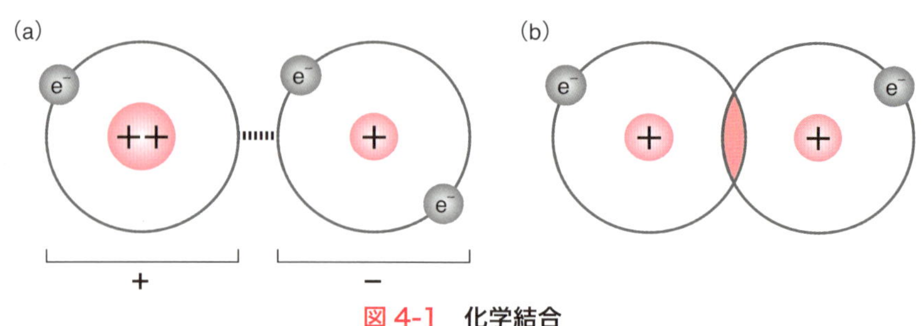

図 4-1 化学結合
(a)イオン結合，(b)共有結合.

質の例として食塩がある．食塩 NaCl の中では，ナトリウムイオン Na^+ と塩化物イオン Cl^- がイオン結合を作っている[*1]．

*1 その構造については第5章で紹介する．

2種類の原子の電気陰性度の差が小さい場合には，原子間で電子の受け渡しは起こらない（特に，同種の原子が結合する場合は電気陰性度の差は0だ）．このような場合でも原子間には引力が生じる．この引力は，原子と原子の間の電子によってもたらされる．原子核は正電荷，電子は負電荷をもっている．電子が2つの原子核の間にあれば，正電荷と負電荷の引力が原子間の引力となり，原子が結合することになる．原子と原子の間の電子がどのように生まれるかによって，**共有結合（covalent bond）**，**配位結合（coordination bond）**，**金属結合（metallic bond）**がある（図4-1 b）．

以上の結合は原子を強固に結びつけるが，この他に原子，分子を弱く結びつける力もある．**水素結合（hydrogen bond）**は，電子の代わりに水素イオン H^+ が仲立ちとなる結合である．また，分子どうしの間には**分子間力(intermolecular force)**と呼ばれる弱い引力が働いている．これらについても考えていこう．

4-2 共有結合と分子

この節のキーワード
共有結合

共有結合は，原子と原子の間に電子が存在することによってできる結合の一種である．隣り合う原子の電子を利用して，原子が希ガス型の電子配置をとろうとすることによって結合が生じる．共有結合においては，結合を仲介する電子は結合する原子それぞれから同数ずつ供給される．結合によって少数の原子が安定なまとまりになるとき，この原子のまとまりを**分子(molecule)**と呼ぶ．たとえば水素原子は2原子がまとまって分子を作る．

ルイスの電子式を用いて共有結合について考えてみよう．水素原子は，原子核の周りに電子が1つだけ存在する原子である．水素原子を2つ並べて，2つの電子が原子核の周りに存在するようにすると，原子核の周りの電子が2個になり，希ガスであるヘリウムの電子配置となって安定化する(図4-2).

もう1つ，水分子H_2Oについてみてみよう．H原子が1つ，O原子が各H原子に1つずつ電子を供給すると，H原子の周りはHeの電子配置，O原子の周りはNeの電子配置となり安定する（図4-3)．このことによって結合が生じる.

図4-3　水分子のルイス電子構造

水素原子　　水素分子

H・　　H:H

図4-2　水素分子のルイス電子構造

水素分子において，丸で囲った部分はHe型の安定な電子配置になっている.

例題4-1　次の分子のルイス電子構造を書け.

(1) HF　(2) NH_3　(3) CF_4

解答

(1)  H:F:　(2) 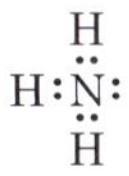 H:N:（上下にH）　(3)  :F:C:F:（上下に:F:）

電子の偏り

H_2Oの場合，Oの電気陰性度がHよりも大きいので，電子はOに偏る．もし電子が完全にHからOに移動したとすると，$H^+\cdots O^{2-}\cdots H^+$というイオン結合を考えることができる．これを，ルイス電子構造では下図のように書くことができる．実際の結合は，図4-3と下図の中間的な性質をもつ．同様のことを逆に考えれば，後述するイオン結合も共有結合性をもっているといえる.

4-3　分子軌道

この節のキーワード

分子軌道，パウリの排他原理，結合性軌道，反結合性軌道

ルイス構造の考え方は，20世紀初頭に提案された．今日では，ここに原子オービタルの考え方を加えることによって結合の強さや向きについても理解できる．この節では，結合を考えるうえで一般に用いられる**分子軌道(molecular orbital)**[*2]について述べる.

原子軌道は，原子核の周りの電子の運動状態を表す．これに対応して，分子を形作る原子の原子核の周りの電子の状態を表すものとして分子軌道を考える．分子軌道も原子軌道と同様に，飛び飛びのエネルギー状態をとる．また，エネルギーの低い軌道から電子が埋まっていき，パウリの排他原理に従って電子配置が決まる.

分子軌道は，原子軌道の線形結合として近似することができる[*3]．水素分子について考えてみよう．水素原子のオービタルとして，最も安定なsオービタルを考える．水素分子には原子が2つある．その原子オービタルをϕ_1，ϕ_2とすると，水素分子の分子軌道ϕは

$$\phi = \phi_1 + \phi_2 \tag{4-1}$$

と表せる[*4]．図4-4(a)に示すように，ϕはひょうたん型の関数であり，2

*2　原子の場合と同様に，分子オービタルと呼ばれることがある.

線形結合

いくつかの関数に対して，それを定数倍して加えること.

*3　これをLCAO（Linear Combination of Atomic Orbital）法という.

*4　この場合，$\phi = \phi_1 + \phi_2$だけを考えればよい．同種の原子なのでどちらかの寄与が大きいということはありえないからだ.

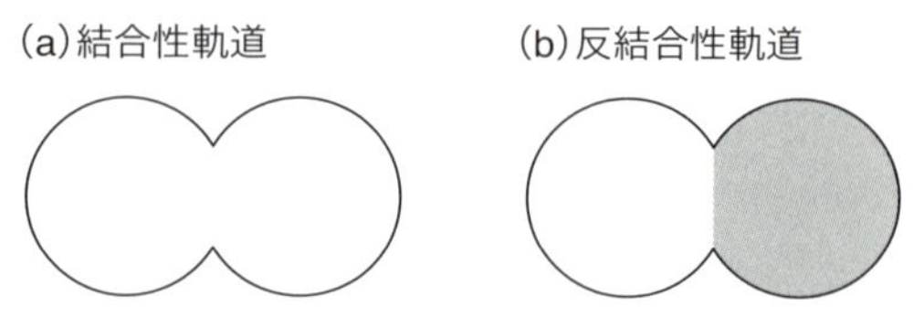

図 4-4　水素分子の結合性軌道と反結合性軌道
白は正の値，灰色は負の値を示す．その境目は0だ．

つの水素原子核の間に電子が存在することがわかる．このようにして水素原子間に共有結合が生じる．一方，次の形の分子軌道

$$\phi^* = \phi_1 - \phi_2 \tag{4-2}$$

も考えられる．この軌道は，図 4-4 (b) に示すように，左右の原子で関数の符号が異なり，原子核の間には ϕ^* の値が0となる面がある．したがって，原子核の間に電子がないので結合は生じない．一般に，原子軌道の線形結合によって，結合のできる分子軌道と結合のできない分子軌道ができる．これらをそれぞれ，**結合性軌道(bonding orbital)**，**反結合性軌道(anti-bonding orbital)**と呼ぶ．

原子でバラバラにいるときよりも結合性軌道の状態にあるほうが電子のエネルギーは小さい．一方，反結合性軌道の状態の電子は電子エネルギーが大きい．このことを図 4-5 に示す．水素の場合，2つの電子が結合性軌道を占め，原子よりも安定(エネルギーが低い)ので分子を形成する．

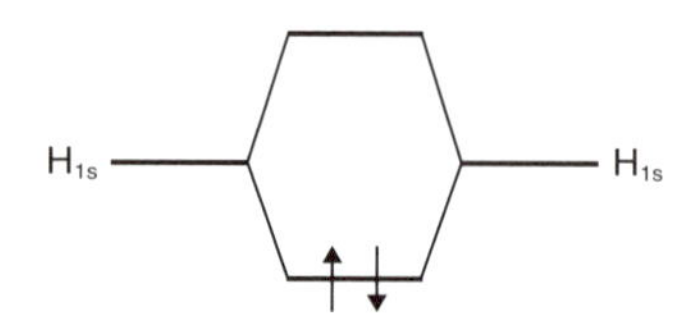

図 4-5　水素分子のエネルギー準位
縦軸は通常記さないが，電子のエネルギーである．

同様にして，p 軌道が関与する分子軌道も考えることができる．p 軌道には向きがあるので，その線形結合は2通り考えることができる．まず，p 軌道の伸びている方向に重なっている場合を考えよう．図 4-6 (a) は原子核の間に電子が存在しているので結合性軌道，(b) は原子核の間に電子

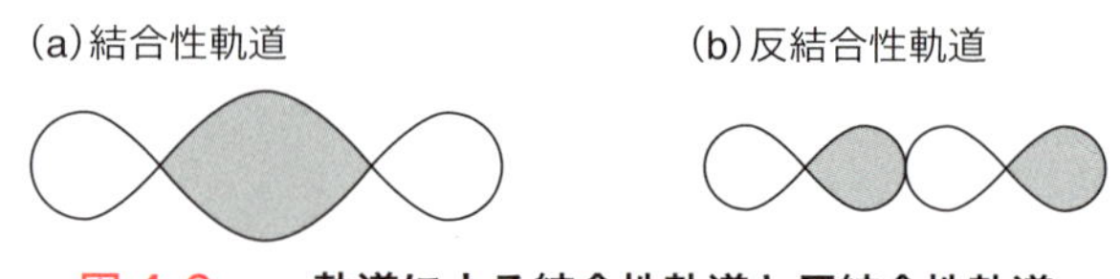

図 4-6　p_z 軌道による結合性軌道と反結合性軌道

の存在しない面があるので反結合性軌道である．水素分子の場合を含め，原子軌道がまっすぐに重なってできる軌道を σ 軌道という．

p 軌道の場合には，横向きに重なる場合も考えられる．図 4-7（a）は原子核の間に電子が存在しているので結合性軌道，（b）は原子核の間に電子の存在しない面があるので反結合性軌道である．このように，原子軌道が横から重なってできる軌道を π 軌道という．

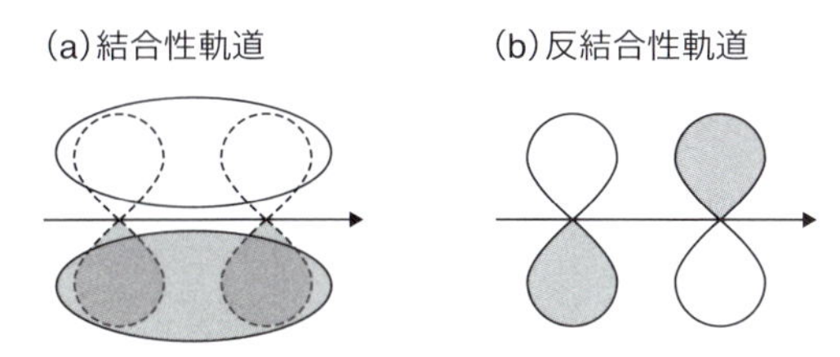

図 4-7　p_x 軌道による結合性軌道と反結合性軌道

このように，原子軌道の重なりによって分子軌道ができる場合，原子軌道の重なりが大きいほど原子核間の電子が多くなるので，結合が強くなる．一般に，原子軌道がまっすぐに重なる σ 軌道は横に重なる π 軌道よりも結合が強い．

σ 軌道と π 軌道の結合をもつ窒素分子の分子軌道を見てみよう．窒素原子の電子配置は $(1s)^2(2s)^2(2p)^3$ であり，不対電子が 3 つある．希ガス型電子配置になるためには 3 つの電子を共有して $(1s)^2(2s)^2(2p)^6$ の電子配置になればよい．これを図 4-8 のルイス電子構造で確かめよう．分子軌道においては，2p 軌道の 1 つがまっすぐに重なり σ 結合を作ると同時に，原子核を結ぶ向きと垂直の方向の 2 つの 2p 軌道が横に重なって，2 つの π 軌道を作る．合わせて 3 つの結合性軌道に電子が入る．これを三重結合という．

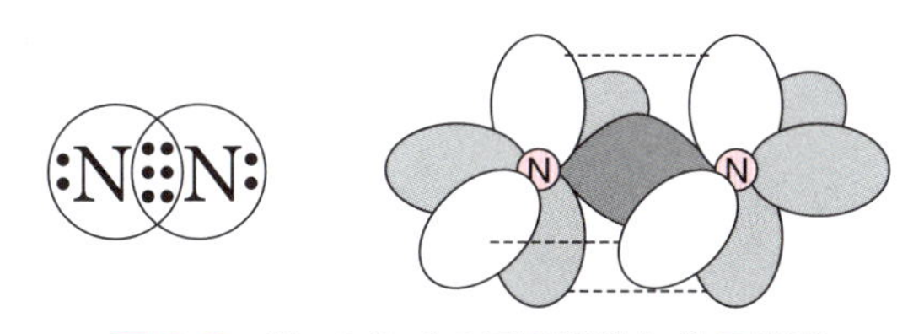

図 4-8　N_2 のルイス電子構造と分子軌道

4-4　混成軌道

この節のキーワード
sp^3 混成軌道，sp^2 混成軌道，sp 混成軌道

4-4-1　混成軌道

窒素分子の例では，希ガス型電子配置に 3 つ足りない電子配置の原子

が3つの電子を共有して結合を作った．また，窒素原子と水素原子からなる分子であるアンモニアは NH_3 という分子式をもち，3つのH原子から1つずつ，窒素原子から3つの電子が共有されることによって分子を作る．このとき，結合を作る電子の個数は，不対電子の数によって決まっている．

しかし炭素原子に関しては，不対電子の数と結合の数が一致しない．炭素原子の不対電子の数は2である．したがって，C原子とH原子が結合して分子を作る場合，2pに2つある電子を用いて結合し，C原子1つあたり2つのH原子が結合して CH_2 という分子を作ると予想される．その構造は，2つのpオービタルが直交しているので，直角型の分子になるはずである．しかし，実際にはC原子は4つのH原子と結合する．このことは，以下に示す**混成軌道（hybrid orbital）**の考え方で説明することができる．

炭素原子の電子配置は，$(1s)^2(2s)^2(2p)^2$ である．原子としてはこの電子配置が最も安定である．一方，炭素原子が他の原子と結合を作る場合には，$(1s)^2(2s)^1(2p)^3$ のような電子配置をとり*5，$(2s)^1(2p)^3$ の部分で4つの結合を作るほうが安定になる．これをルイス電子構造式で書くと図4-9のようになる．こうしてできる軌道を混成軌道という．混成軌道の作り方には3通りある．次項から順に見ていこう．

*5 これを昇位という．

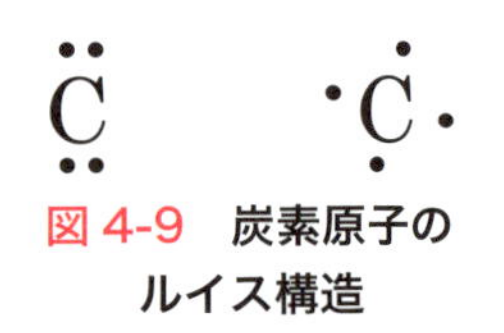

図4-9 炭素原子のルイス構造

4-4-2 sp³ 混成軌道

昇位によって生じた $(2s)^1(2p)^3$ の電子配置から，新しい分子軌道が作られる．その作り方には3種類がある．sp^3 混成軌道は，2s，$2p_x$，$2p_y$，$2p_z$ の4つの軌道が等価に混じりあってできる軌道である（図4-10）*6．

*6 新たな4つのオービタルは次のように書くことができる．

$$\phi_1 = s + p_x + p_y + p_z \qquad (4\text{-}3)$$
$$\phi_2 = s - p_x - p_y + p_z \qquad (4\text{-}4)$$
$$\phi_3 = s - p_x + p_y - p_z \qquad (4\text{-}5)$$
$$\phi_4 = s + p_x - p_y - p_z \qquad (4\text{-}6)$$

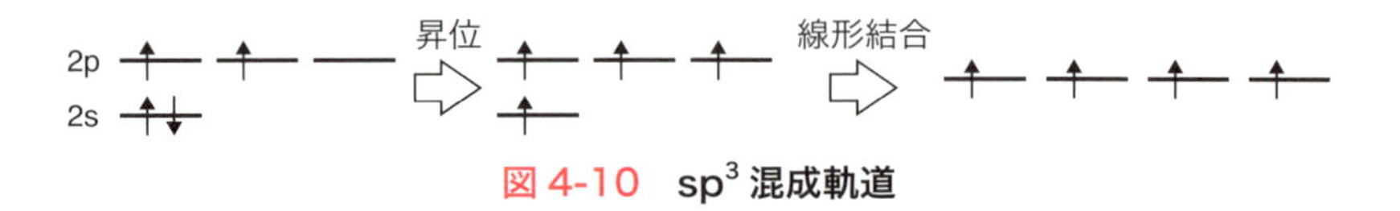

図4-10 sp³ 混成軌道

sp^3 混成軌道は，正四面体の中心にC原子，頂点に結合する原子を配置する立体的な構造をとる．メタン CH_4 を作る軌道はこの軌道である（図4-11）．

ここで，水分子 H_2O の構造についても考えてみよう．O原子の電子配置は $(1s)^2(2s)^2(2p)^4$ である．2p軌道に不対電子が2つあり，2つの共有結合を作って H_2O 分子ができていると考えることができる．しかし，この考えに基づくと，$2p_x$，$2p_y$ の2つの軌道によって結合ができることになるので，水分子のもつ2つのOHの角度は90°になるはずだ．しかし

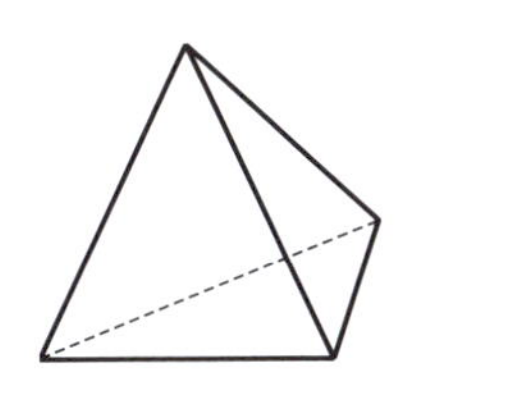
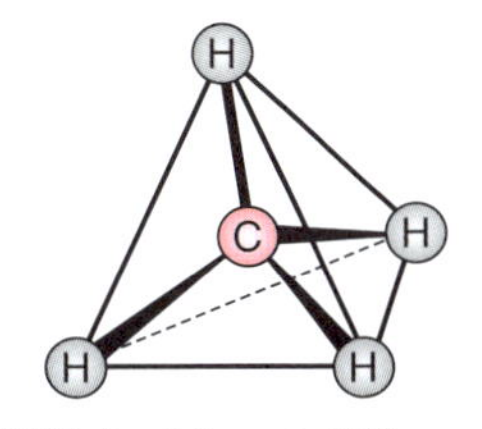

図 4-11 正四面体の構造とメタンの構造

実際は，109° であることがわかっている．これは，O 原子が 4 つの sp^3 混成軌道を作り，そのうちの 2 つで H 原子と結合を作っているためである（図 4-12）．O 原子は正四面体の中心，H 原子はその頂点に位置するので結合角が広くなる．sp^3 混成軌道の残りの 2 つは，酸素原子由来の電子が 2 つずつ占有している．このような，結合と無関係な電子対を孤立電子対という．孤立電子対は，分子内の原子をつなぐ結合ではないが，分子構造や他の分子との相互作用を考えるときに重要である．

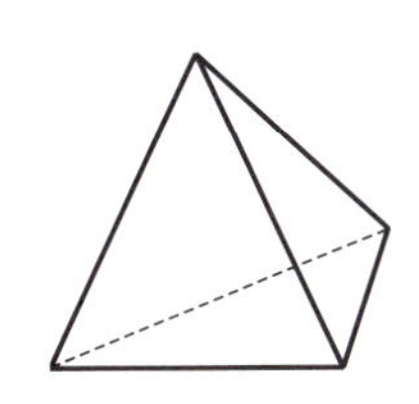
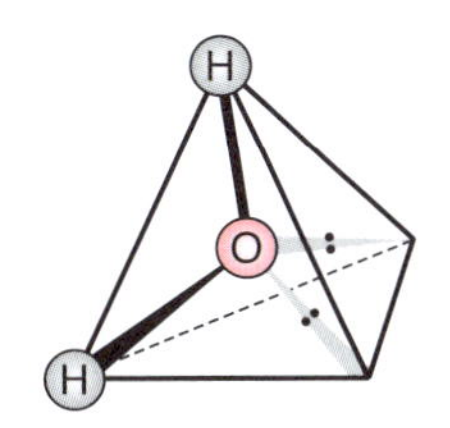

図 4-12 水分子の構造
2 つの点は孤立電子対を表す．

4-4-3 sp^2 混成軌道

sp^2 混成軌道は，2s，$2p_x$，$2p_y$，$2p_z$ の 4 つの軌道のうち，$2p_z$ 軌道はそのままで，他の 3 つが等価に混じりあってできる軌道である（図 4-13）[*7]．

*7 新たな 3 つのオービタルは次のように書くことができる．

$$\phi_1 = s + \sqrt{2}\,p_y \quad (4\text{-}7)$$

$$\phi_2 = s + \sqrt{\frac{3}{2}}p_x - \sqrt{\frac{1}{2}}p_y \quad (4\text{-}8)$$

$$\phi_3 = s - \sqrt{\frac{3}{2}}p_x - \sqrt{\frac{1}{2}}p_y \quad (4\text{-}9)$$

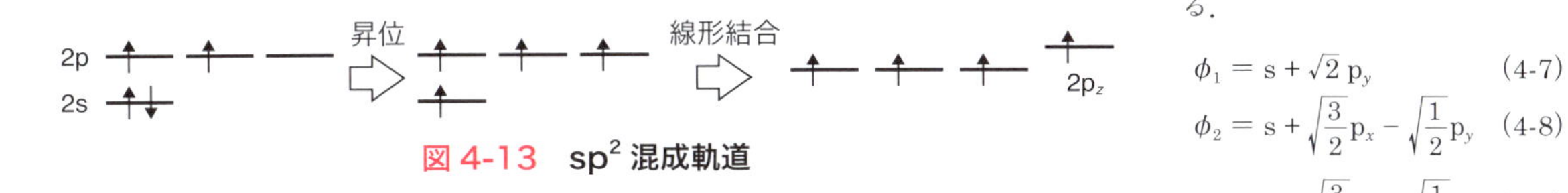

図 4-13 sp^2 混成軌道

sp^2 混成軌道は，中心に C 原子をもつ正三角形の頂点に，結合する原子がくる平面構造をとる．混じりあわなかった $2p_z$ 軌道はこの平面に垂直に突き出ている．エチレン C_2H_4 の構造を作る軌道はこの軌道である（図 4-14）．C 原子 H 原子は混成軌道による結合を作っているのですべて同一平面上にある．一方，C 原子から平面と垂直に突き出た 2 つの $2p_z$ 軌道が重なり合って，C 原子間に新たに結合を作っている．これを **π 結合（π**

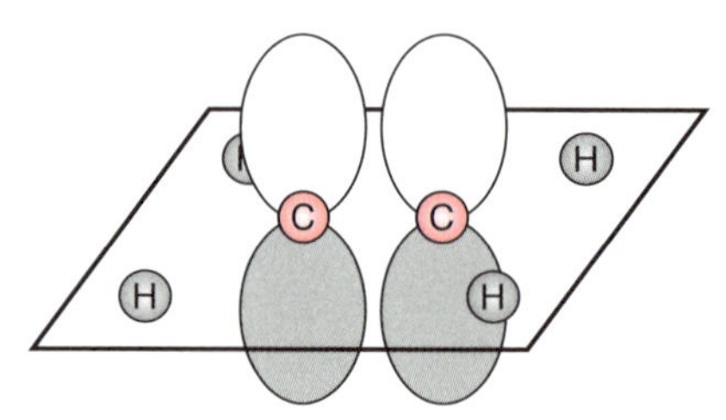

図 4-14 エチレンの構造

bond）という．このようにエチレンのC原子間には2つの結合がある．これを**二重結合（double bond）**と呼び，C=Cで表現する．このときC原子間の2本の線は，全く種類の異なる結合であることに留意しよう．

4-4-4 sp 混成軌道

sp混成軌道は，2s，$2p_x$，$2p_y$，$2p_z$の4つの軌道のうち，$2p_x$，$2p_y$軌道はそのままで，2s，$2p_z$軌道が等価に混じりあってできる軌道である（図4-15）*8．

*8 新たな2つのオービタルは次のように書くことができる．

$$\phi_1 = \mathrm{s} + \mathrm{pz} \quad (4\text{-}10)$$

$$\phi_2 = \mathrm{s} - \mathrm{p}_y \quad (4\text{-}11)$$

図 4-15 sp 混成軌道

sp混成軌道は，C原子を中心とした直線構造をとる．混じりあわなかった$2p_x$，$2p_y$軌道はこの直線に垂直に突き出ている．アセチレンC_2H_2の構造を作る軌道はこの軌道である（図4-16）．各C原子にある残りのpオービタル，$2p_x$，$2p_y$オービタルによって，2個のπ結合が作られる．元の結合と合わせて三つの結合が作られるので，これをC≡Cと書き，**三重結合（triple bond）**という．

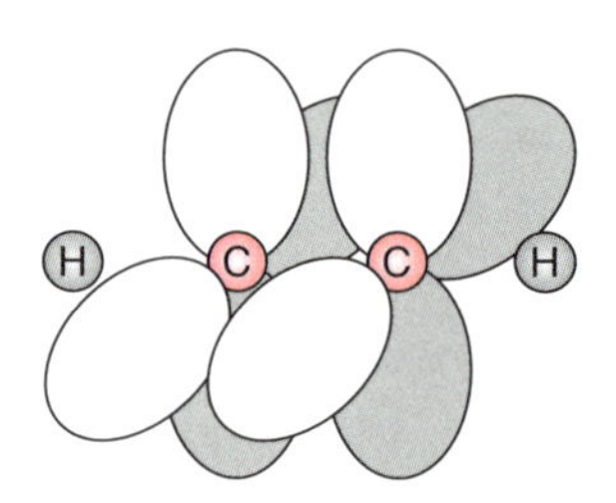

図 4-16 アセチレンの構造

例題 4-2 CH_2=CH−CH=CH_2（1,3-ブタジエン）の分子軌道を図4-14にならって書け．

解答

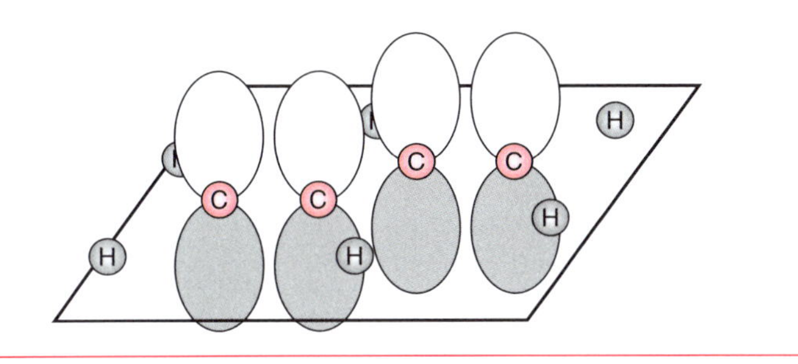

4-5　配位結合

この節のキーワード
配位結合，錯イオン，配位子，キレート錯体

アンモニア分子はN原子上に1つ，水分子はO原子上に2つの孤立電子対をもっている．この孤立電子対を共有して他の原子と結合を作るとき，これを配位結合という．結合は電子対によって形成されるので，結合の相手となる原子の軌道には電子が入っていないものが使われる．たとえば，アンモニア分子はH^+と結合してアンモニウムイオンNH_4^+を形成する．このとき，N原子とH^+原子の間には電子対があるが，これは2つともN原子から供給されたものである．アンモニウムイオンにはこの結合の他に，N原子とH原子との間に3つの共有結合があるが，この3つでは結合に使われる電子対の2つの電子は，N原子とH原子から1つずつ供給されている．

配位結合であっても，原子軌道の重なりによって結合が生じることには変わりがない．アンモニウムイオンでは，N原子はsp^3混成軌道を作っている．したがって，アンモニウムイオンの構造は，正四面体の中心にN原子，4つの頂点にH原子を配置した構造となる(図4-17)．

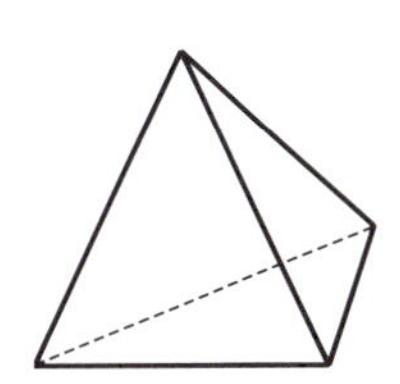

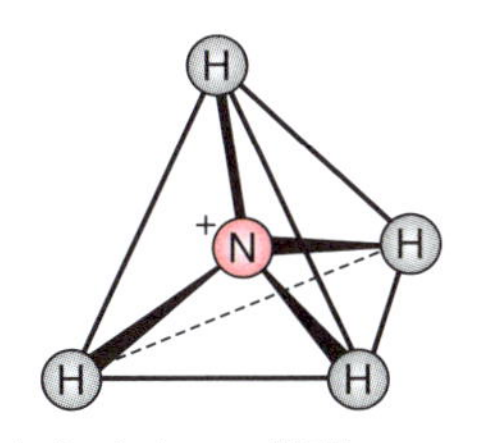

図4-17　アンモニウムイオンの構造

配位結合のなかでも，金属イオンへの分子・イオン〔これを**配位子 (ligand)** という〕の結合が特に重要である．金属イオンの空の軌道に分子の孤立電子対が配位結合して生じるイオンを**錯イオン (complex ion)** という．このとき，結合する分子が配位子である．たとえば，硫酸銅の水溶液にアンモニア水を加えると，水溶液中のCu^{2+}イオンとアンモニア分子

が配位結合を形成し，テトラアンミン銅（II）イオン $[Cu(NH_3)_4]^{2+}$ が生成する[*9]．この場合，配位子は NH_3 である．

*9 この他，H_2O，OH^-，CN^- など，さまざまな分子やイオンが配位子として金属イオンに配位結合する．

1つの分子の中に複数の孤立電子対があり，それらが同時に一つの金属イオンに配位する場合がある．こうしてできる錯イオンを**キレート錯体（chelate complex）**という．キレート錯体は2カ所以上で金属と配位結合しているので，結合が非常に強い．また，特定のイオンと結合する分子を作ることができるので，溶液中の金属イオンの分析などに利用されている．一例として EDTA（エチレンジアミン4酢酸塩）が有名だ（図 4-18）．EDTA はさまざまな金属イオンと反応して安定なキレート錯体を作るので，金属イオンの分析に利用されている．一方，生物の体の中には，金属イオンを配位結合によって取り込んだ分子が存在する．光合成に関与するクロロフィルや酸素を運搬するヘモグロビン分子など，生体の機能に直接関与する分子も多い(図 4.18)．

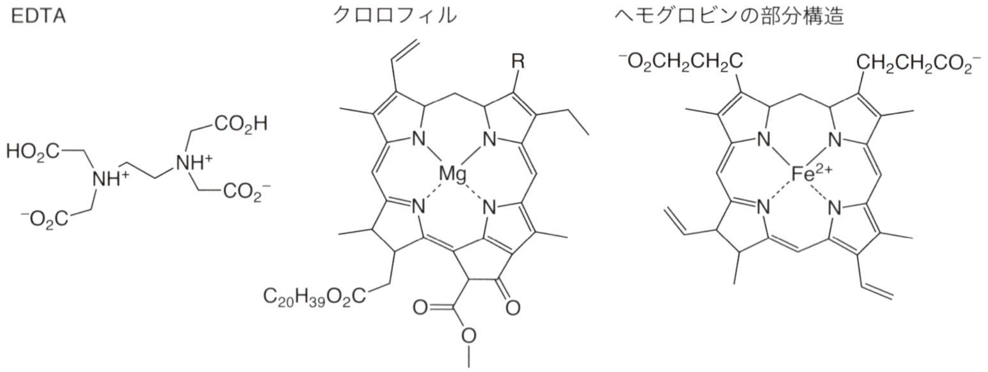

図 4-18 EDTA，クロロフィルの構造，ヘモグロビンの部分構造

この節のキーワード
イオン結合，極性

4-6 イオン結合

2種類の原子または分子の間で電子の受け渡しがあると，片方が陽イオン，もう片方が陰イオンになる．正と負のイオンの間には電気的な引力(クーロン力)が働き，結合する．これをイオン結合という．それぞれのイオンが希ガス型の電子配置となるように，原子間の電子が受け渡される．たとえば，Na 原子の電子配置は $[Ne](3s)^1$ であり，希ガス電子配置よりも電子が1つ多いため，電子を1つ失って Na^+ となりやすい．一方，Cl 原子の電子配置は $[Ne](3s)^2(3p)^5$ であり，希ガス電子配置 $(3s)^2(3p)^6$ よりも電子が1つ少ないため，電子を1つ受け取って Cl^- となりやすい．生成した Na^+ と Cl^- はクーロン引力によって結合し，NaCl が生成する．

イオン結合は，電気陰性度の差が大きな原子の間で生じる．電気陰性度の差が小さい場合には，電子が完全に受け渡されることはないが，電気陰性度の大きな原子に電子が偏る．これを**極性（polarity）**という．極性が結合に及ぼす効果については 4.8 節で述べる．

4-7　金属結合

金属は，光沢を示し，電流を流す性質をもつ物質のことである．金属を構成する原子は，イオン化ポテンシャルの低い，電子を放出しやすい原子である．金属の中では，原子の最外殻電子がその原子から放出され，金属固体の中を動き回っている．これを**自由電子（free electron）**という．原子は電子を失ってイオンとなっているが，自由電子が原子間に存在することによって互いに引力を及ぼしあって結合している．この結合を**金属結合（metallic bond）**という（図 4-19）．

この節のキーワード
自由電子，金属結合

有機物の金属
金属といえば通常は金属元素の単体またはその化合物（合金という）である．プラスチックなどの有機物は非金属であるが，特殊な構造，状況では金属となりうる．たとえば白川秀樹はポリアセチレンというプラスチックの薄膜合成とその導電化に成功して 2000 年のノーベル賞に輝いた．

コラム　原子何個から金属になるか？

金属結合は，物質の中を電子が自由に動き回ることによって引き起こされる．つまり，原子が 1 つあってもその原子は金属とはいえない．また，少ない数の原子がまとまりを作っている場合にも，電子は自由に動き回ることができない．したがってこれも金属とはいえない．では，原子がいくつ以上あれば物質は金属となるのだろうか．この問題を明らかにするための実験が行われた．金属であることは，金属中の電子がもつエネルギーをほんの少しだけ大きくすることができるかどうかで決めることができる．絶縁体の場合，図 a のように電子のもちうるエネルギーにギャップがあり，エネルギーを少しだけ増やすことはできない．このギャップが 0 であれば金属といえる．このエネルギーギャップは光電子分光という実験で確かめることができる．

図 b は，水銀のクラスター（少数原子の集合体）についてエネルギーギャップを測定した結果である．矢印部がエネルギーギャップだ．エネルギーギャップは原子数が小さいとき大きいが，原子数の増加とともに減少していき，原子数 250 ではエネルギーギャップは非常にわずかになっている．原子数 400 でエネルギーギャップは 0 になる．つまり，水銀が金属であるためには 400 個の原子が必要だといえる．

(a) クラスター陰イオン：p バンドに 1 電子

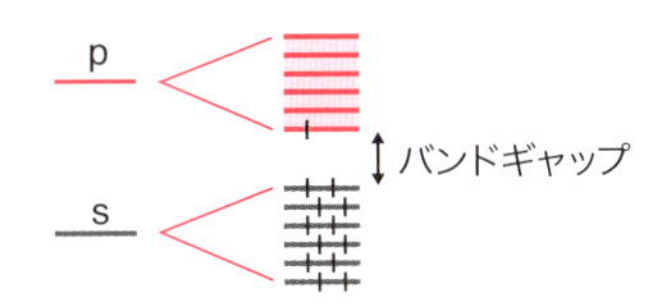

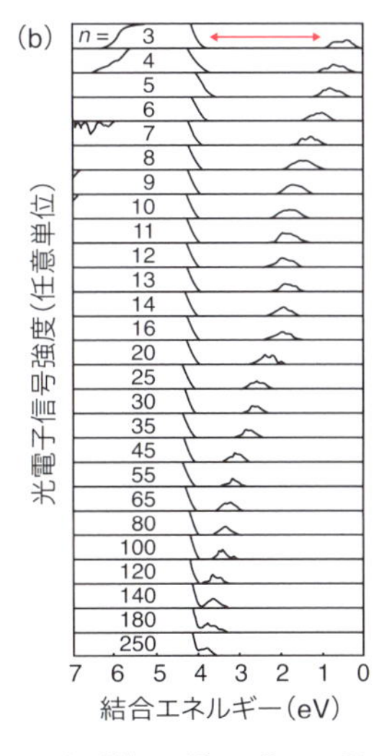

R. Busani et al., *Phys. Rev. Lett.*, **81**, 3836 (1998).

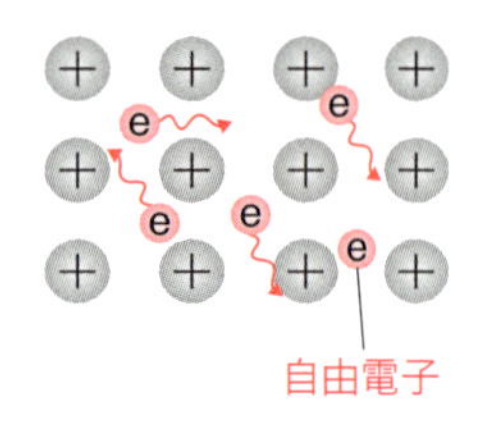

図 4-19 金属結合

金属の電気伝導性(金属が電流を流す性質)は，自由電子が金属内を自由に動き回ることによって生まれている．また，金属中では原子の位置が揺らいでも，自由電子が結合を作ることができる(糊のような役割を果たす)ので，金属全体を細長い線に伸ばしたり(延性)，たたいて箔状に薄く延ばしたり(展性)することができる．NaCl などのイオン結晶や砂糖などの分子結晶が叩くと割れるのとは対照的である．

4-8 極性と分子間力

この節のキーワード
極性分子，無極性分子，双極子モーメント，分極，ファンデルワールス力

4-8-1 極性

ここまでは，原子の間の強固な結合について考えてきた．4-8，4-9 節では，分子と分子の間の弱い結合について考える．一般に，原子が分子を形成するとき，不安定な電子の構造，つまり不対電子は残らない[*10]．一方，分子を冷やしていけば必ず液体，固体になることからもわかるように，分子の間には引力(分子間力)が働いている．分子間力には，分子の中の電荷の偏りが重要な役割を果たす．分子が正負電荷の偏りをもっているとき，この偏りを極性といい，極性をもつ分子を**極性分子(polar molecule)**という．極性は，分子を構成する原子の電気陰性度が異なることによって生じる．ということは，異種原子が含まれる結合は必ず極性をもつ．

*10 例外もある．NO 分子は N 原子の上に不対電子があるが安定である．

極性分子の例として H_2O 分子について考える．水分子は折れ曲がった構造をしている(図 4-20)．電気陰性度は H 原子よりも O 原子が大きいので，O 原子に負電荷，H 原子に正電荷が偏って存在している．このとき，負から正の電荷に向かって矢印を引く．この矢印のベクトル和を分子の双極子モーメントという．水分子は O 原子から 2 つの H 原子の中心に向かう双極子モーメントをもっている．一方，極性でない分子を**無極性分子(non-polar molecule)**という．同種の原子からできている H_2 や N_2 などの分子は無極性分子である．しかし，2 種類以上の原子を含む分子でも無極性分子となることがある．たとえば CO_2 分子は直線形の分子である．C 原子よりも O 原子の方が双極子モーメントが大きいので，O 原子に負電荷，C 原子に正電荷が偏っている．しかし，2 つの O 原子が C 原子と対称の位置に存在するため，矢印のベクトル和が 0 となり，分子全体としては双極子モーメントをもたない無極性分子となる(図 4-20)．

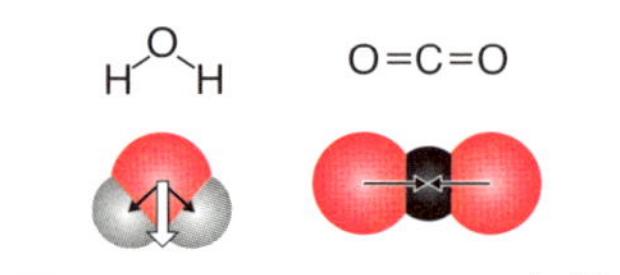

図 4-20 H_2O，CO_2 の極性

双極子モーメント
$+e$ の電荷と $-e$ の電荷が距離 r 離れているとき，双極子モーメントの大きさは er である。

4-8-2 イオン・極性分子と分子の相互作用

まず，イオンと分子の間に働く力について考えよう．分子の近くにイオンが存在すると，分子の中の電子に偏りが生じる．これを**分極(polarization)**という．分極による電荷の偏りは，イオンと反対の電荷がイオンに近いほうに生じるため，イオンと分子に引力が生じる（図

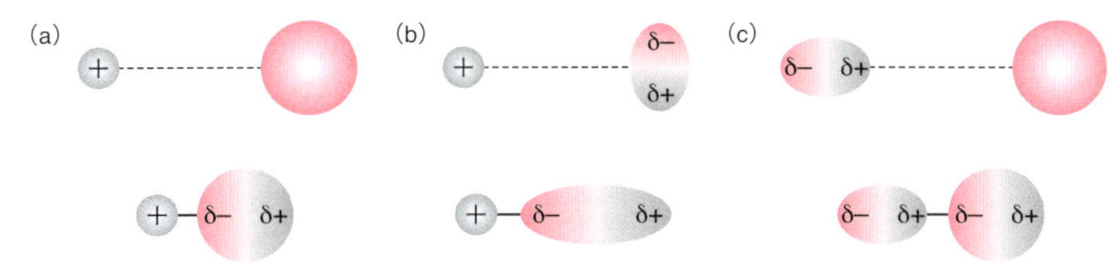

図 4-21　イオンと分子，極性分子と分子の引力

4.21 a)．一方，もともとの分子に電荷の偏りがある場合，分子がイオンと反対の電荷をイオン側に向けることによっても引力が生じる（図 4.21 b)．

極性分子と周りの分子についても同様の引力が働く．イオンに比べて電荷が小さいので，引力も小さくなる(図 4.21 c)．

4-8-3　ファンデルワールス力

無極性分子を含むすべての分子の間に働く引力が**ファンデルワールス力 (van der Waals' force)** である（図 4-22)．無極性の分子であっても，原子核と電子の位置が揺らぐと，瞬間的に正負の電荷が偏り，双極子モーメントが生じる．この瞬間的な双極子モーメントに対して，隣にある分子は正電荷側に負電荷がくるように分極する．こうして，もともとの分子に電荷の偏りがなくても，分子間には電気的な引力が働く．これがファンデルワールス力である．

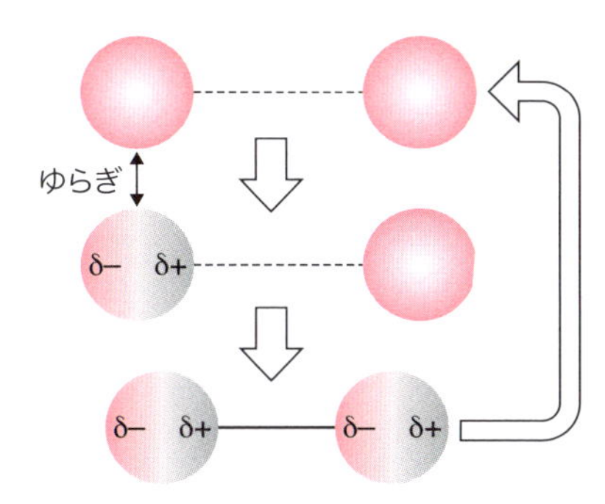

図 4-22　ファンデルワールス相互作用

4-9　水素結合

この節のキーワード
水素結合，DNA

原子間の結合(化学結合)は，正電荷をもつ原子核の間に負電荷をもつ電子が挟まれることによってできている(図 4-23 a)．それと同様に，電気陰性度の大きな原子の間に水素が挟まれると，正電荷をもつ水素原子が負電荷をもつ原子の間に挟まれることになり，結合ができる．これを**水素結合**

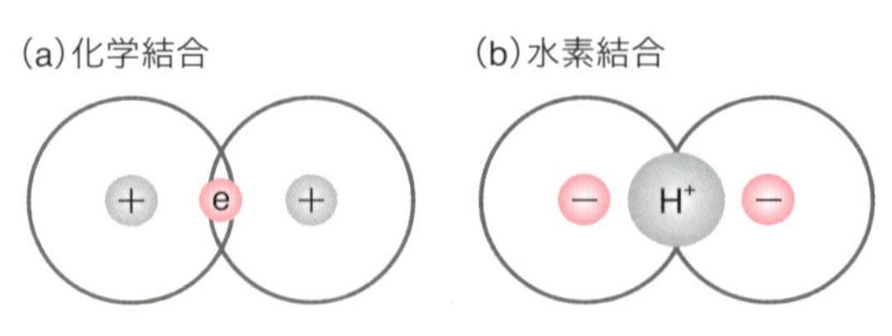

図 4-23 化学結合と水素結合

図 4-24 水の中の水素結合

A, T, G, C
それぞれアデニン，チミン，グアニン，シトシンという分子である．

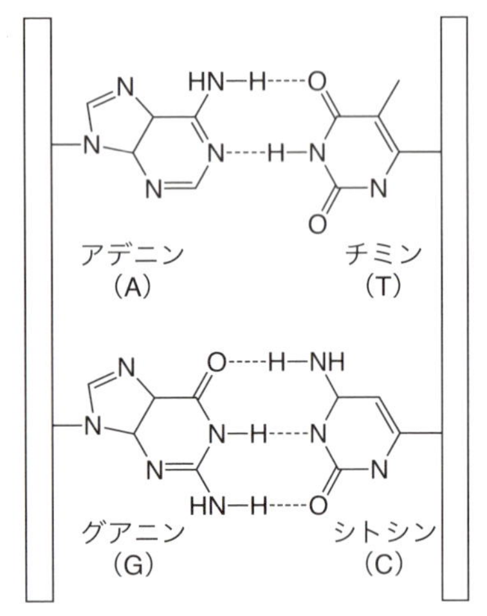

図 4-25 DNA 塩基対

(hydrogen bond) という．水素結合は共有結合や金属結合よりは弱いが，ファンデルワールス力よりも強い．

水の中では，電気陰性度の大きな O 原子の間に水素原子が挟まれることによって水全体にわたって水素結合ができている（図 4-24）．水が，同じ種類の化合物である H_2S や H_2Se などと比べて著しく高い沸点や融点をもつのは，水素結合が働いているからである．一方，水素結合は，生体分子の相互作用においてきわめて重要な役割を果たしている．たとえば生き物の遺伝情報を司る分子である DNA は，4 つの塩基 A，T，G，C が 2 列につながった構造をとる． その並ぶ順番が遺伝情報として重要である．このとき，A と T，G と C は水素結合によって選択的に結合する（図 4-25）．このため，DNA の 2 列の並びが安定に存在できる．また，細胞分裂の際の DNA の複製や，タンパク質合成の際の DNA からの配列の読み取りなどが正確に行われるのも水素結合があるからである．

章末問題

1 次の分子の Lewis 電子構造を書け．
(1) HCl，(2) N_2，(3) H_2S

2 次の物質中の結合は何結合か．
(1) H_2，(2) H_2O，(3) NaCl，(4) Al

3 次の分子を極性分子と無極性分子に分類せよ．
H_2，N_2，NO，CO_2，HCl，ベンゼン

4 次の分子について，分子構造中に双極子モーメントを記入せよ．

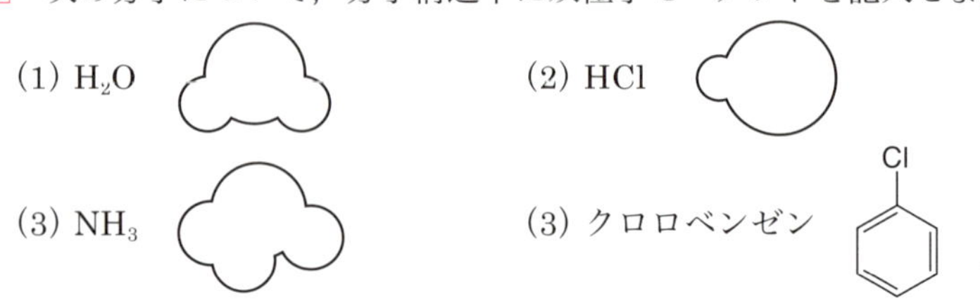

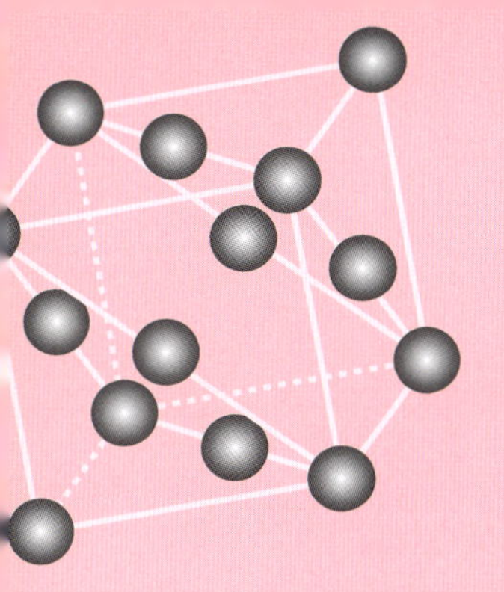

第5章 固体の構造と性質

Structure and Property of Solid

この章で学ぶこと

この章では，物質が低温で示す相である固体について考える．固体の示すさまざまな性質を，固体の中で分子や原子を結びつけている結合から理解する．最初に，固体を形作る化学結合と固体の性質の関連を述べる．一方，固体の中では，原子や分子は特定の場所にとどまってお互いの位置関係が変化しない．結晶と呼ばれる固体の中では，分子や原子が一定の規則のもとで整然と並んでいる．この並び方，すなわち結晶構造についても学ぶ．

5-1 化学結合の種類と結晶

この節のキーワード

共有結晶，イオン結晶，金属結晶，分子結晶

5-1-1 共有結晶

まず，全体が共有結合でできている固体について考えよう．このような固体を**共有結晶**（covalent crystal，共有結合結晶ともいう）という．ダイヤモンドは，炭素が sp^3 混成軌道を介して共有結合を作り，固体全体を形作ったものである．sp^3 混成軌道なので，C 原子の周りには 4 つの C 原子があり，それぞれ正四面体の中心と頂点の位置にある[*1]．強固な結合である共有結合が固体全体に広がっているため，融点が高く，非常に硬い．ケイ素 Si や窒化ホウ素 BN も同様である．

共有結晶の表面は化学結合の相手がとぎれるので，非常に反応性が高い．通常の条件では，空気中の水や酸素と反応して表面のみ異なる状態になっている．

*1　結晶構造は 5-3 節(図 5-9)に示す．

5-1-2 イオン結晶

正イオンと負イオンから構成されている結晶を**イオン結晶（ionic crystal）**という．イオン結合は強い結合なので，融点が高く，硬い結晶となる．一方，原子・分子はイオンとなることによって安定な電子配置をとるので，表面にも不安定な結合がない．したがって共有結合結晶に比べて表面ができやすく，割れやすい．イオン結合はクーロン力を元にする結合であり，方向性がないので，結晶構造はイオンの大きさの比率によって決まる．

5-1-3 金属結晶

金属光沢
光は電磁波と呼ばれ，電場の振動が伝わるものである．自由電子が光の電場によって揺さぶられて光を発するので，金属には光沢がある．

金属結晶（metallic crystal）は金属結合からなる結晶である．固体の中に自由電子が存在するので，電気伝導性がある．またその自由電子のために，光沢をもつ．一方，金属結合には自由電子による柔軟性があるので，金属結晶は延性，展性をもつ．

5-1-4 分子結晶

ファンデルワールス力，水素結合などの分子間力によって構成されている結晶を**分子結晶（molecular crystal）**という．分子を形成する物質の結晶は分子結晶である．また，希ガス原子はファンデルワールス力による引力しかもたない．希ガス原子を単原子の分子とみなすなら，希ガス結晶も分子結晶といえる．分子結晶は，共有結合結晶，イオン結晶，金属結晶と比べて分子間の引力が小さいので，融点が低く，力学的には柔らかく，くだけやすい．

例題 5-1 次の固体は共有結晶，イオン結晶，金属結晶，分子結晶のどれに分類されるか．

(1) KBr (2) Si (3) Cu (4) 砂糖 (5) 氷

解答

(1) イオン結晶，(2) 共有結晶，(3) 金属結晶，(4) 分子結晶，(5) 分子結晶．ただし水素結合も重要な役割を果たしている．

5-2 結晶格子と結晶

この節のキーワード
結晶格子，体心立方格子，面心立方格子，六方最密格子

結晶は，ある構造が空間的に繰り返し現れるような構造をとる．その構造は結晶の性質と密接に相関しているので，結晶構造を知ることは物質を理解するうえで重要である．また，分子の構造を実験的に明らかにする際

にも，その分子を結晶にして分子構造とその並び方を同時に決める．この節ではまず結晶の成り立ちについて述べ，そのあと具体的な結晶構造について解説する．

5-2-1　結晶格子と要素

結晶構造は，構造要素をある一定の規則で繰り返し並べたものである．要素を配置する位置を点で表したとき，その点の集まりを**空間格子（space lattice）**といい，点を**格子点（lattice point）**という．空間格子は，ある点の集まりを空間的にずらして重ねていき，繰り返し無限に並べたものである．したがって，その繰り返しの単位は平行六面体でなければならない．この，繰り返しの単位となる平行六面体を**単位格子〔unit lattice，単位胞（unit cell）ともいう〕**という．図 5-1 に結晶と空間格子の関係を示す．結晶は，空間に並んだ格子点に原子，または原子の集まりを配置したものである．ここでは結晶の構造だけを考えているので，原子の集まりは必ずしも分子としてのまとまりをもっている必要はない．

以下で，単位格子の例と実際の結晶について見ていこう．

ブラベ格子
単位格子は 14 種類に分類できる．これをブラベ（Bravais）格子という．本書ではこれを網羅的に述べることはしない．興味のある読者はぜひ調べてほしい．

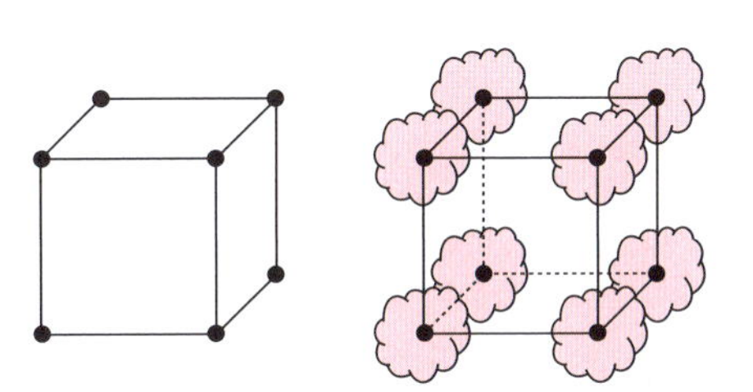

図 5-1　空間格子と結晶

5-2-2　単純立方格子

最も単純な単位格子として，立方体の頂点が格子点であるようなものが考えられる（図 5-2）．この格子点に原子，または原子の集まりを配置すると結晶ができる．格子点に原子 1 つを配置してできる結晶は少ない．例外的に，Po（ポロニウム）結晶がこの構造をとる．

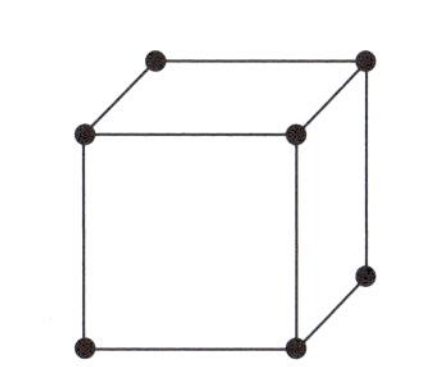

図 5-2　単純立方格子

例題 5-2　ポロニウム Po の密度は 9.3 g cm^{-3}，原子量は 209 である[*2]．ポロニウムの結晶中の原子間距離を求めよ．

解答　ポロニウム原子間の距離を d とすると，単位格子の一辺の長さは d である．したがって，単位格子の体積は d^3 となる．

一方，ポロニウム結晶は単純立方格子をとるので，単位格子 1 つあたり 1 つの原子が含まれている．単位格子 1 つの中のポロニウム

*2 ポロニウムには安定同位体がないので，正確な原子量は求められない．

の質量はポロニウム原子 1 つの質量に等しい．これはポロニウムの原子量と原子質量単位の積に等しく

$$209 \times 1.66 \times 10^{-27}\,\mathrm{kg}$$

である．したがって

$$\frac{209 \times 1.66 \times 10^{-27}[\mathrm{kg}]}{d^3} = 9.3[\mathrm{g\,cm^{-3}}] \qquad (5\text{-}1)$$

より，d は 3.3×10^{-8} cm (0.33 nm) と求められる．

5-2-3 体心立方格子

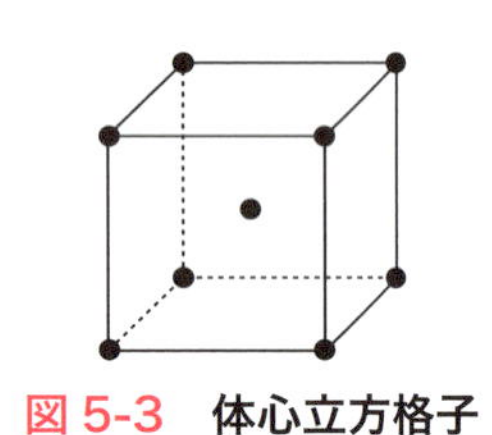
図 5-3 体心立方格子

格子点が立方体の頂点と中心にあるような空間格子を**体心立方格子 (body centered cubic lattice)** という (図 5-3)．英語の頭文字をとって，bcc と略記される．体心立方格子に原子を 1 つおいた結晶は多く知られており，Li，Na，K などがある．これらの結晶は，後述する面心立方格子，六方最密格子と比べて充填率(空間に対して原子の占める割合)が小さい．

5-2-4 面心立方格子

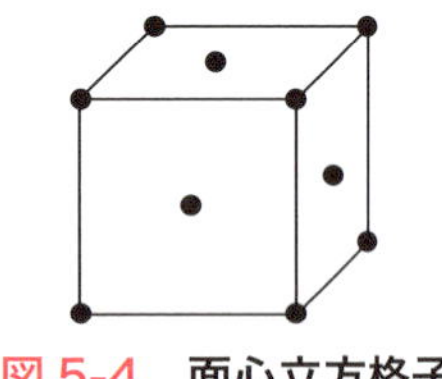
図 5-4 面心立方格子

格子点が立方体の頂点と面の中心にあるような空間格子を**面心立方格子 (face centered cubic lattice)** という (図 5-4)．英語の頭文字をとって，fcc と略記される．面心立方格子に原子を 1 つおいた結晶には Cu，Ag，Al などの金属や Ar，Kr などの希ガス元素の結晶などがある．これらの結晶は，次項で述べる六方最密格子と並び，球を空間に満たすときに最大となる充填率を示す．このことから，これら 2 つの構造を**最密充填構造 (closest packing structure)** と呼ぶ．

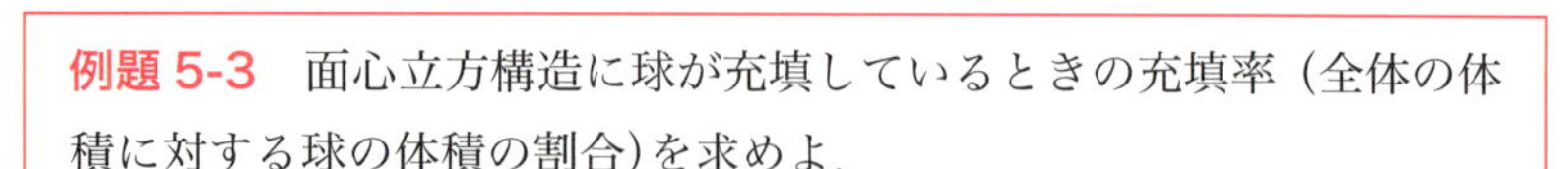

例題 5-3 面心立方構造に球が充填しているときの充填率 (全体の体積に対する球の体積の割合) を求めよ．

解答 まず，単位格子の一辺 a と原子半径 r の関係を求めよう．立方体の面の対角線の長さは一辺の $\sqrt{2}$ 倍であり，原子半径の 4 倍であるから

$$\sqrt{2}\,a = 4r$$

である．次に単位格子の中の原子数を考える．各頂点に $\frac{1}{8}$ 個の原子，各面に $\frac{1}{2}$ 個の原子があるので，単位格子には

$$\frac{1}{8}\times 8+\frac{1}{2}\times 6=4$$

より 4 個の原子がある．したがって，充填率は

$$4\times\frac{4}{3}\pi r^3\Big/a^3=4\times\frac{4}{3}\pi r^3\Big/\left(\frac{4}{\sqrt{2}}r\right)^3=0.74 \qquad (5\text{-}2)$$

となり，74%であることがわかる．

5-2-5　六方最密格子

前項の面心立方格子は，格子点に原子（球）を 1 つおいた場合，最密充填構造となる．その意味で面心立方格子を立方最密格子と呼ぶことがある．最密充填構造にはもう一種類ある．それが**六方最密格子（hexagonal closest packing lattice）**である．その違いについて述べよう．

図 5-5 に立方最密格子と六方最密格子を示す．最密充填構造は，平面上に球を敷き詰め，3 つの球の作るくぼみに球を乗せることによって作ることができる．二層の球を並べた後に三層目を乗せるとき，2 種類の方法がある．ひとつは，上から見たときに一層目と同じ配置にする方法（図 5-5 a），もう一つは，一，二層目のどちらとも重ならない配置にする方法である（図 5-5 b）．どちらも最密充填構造となる．前者が六方最密構造，後者が立方最密構造である．六方最密構造は英語で hexagonal closest packing というので，hcp と略称される．六方最密格子に原子を 1 つおいた結晶には Be，Mg，Zn の金属などがある．

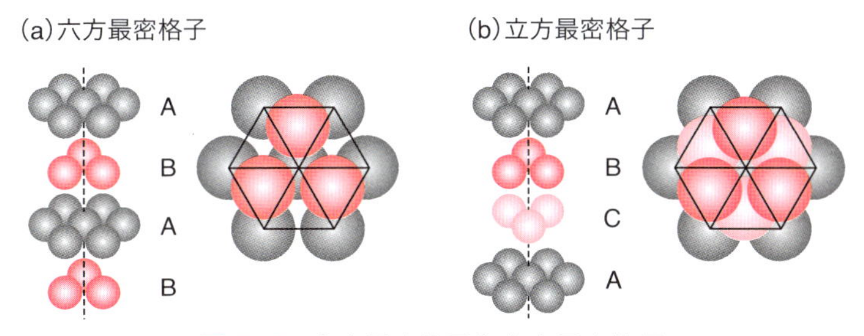

図 5-5　六方最密格子と立方最密格子

立方最密構造と面心立方構造は同じものである．図 5-6 を見てみよう．面心立方構造の体対角線(最も遠い頂点を結ぶ線)の方向から格子点を見ると，図 5-6（b）に示すように層がある．この層の配置は ABCABC…と続く配置になっている．したがってこれが立方最密構造であることがわかる．

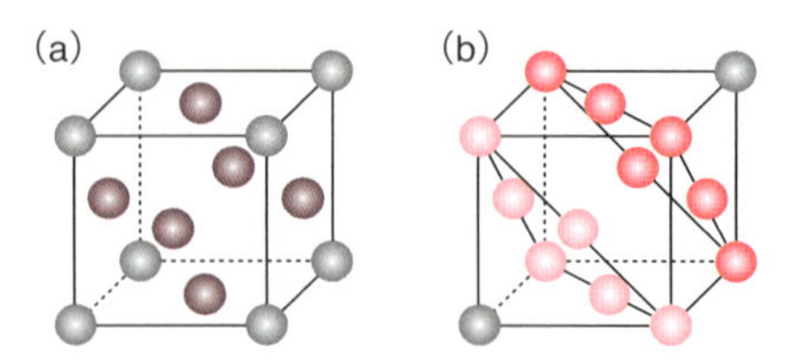

図 5-6 立方最密構造(a)と面心立方構造(b)

この節のキーワード
塩化セシウム型構造，ダイヤモンド構造，閃亜鉛鉱構造，グラファイト，氷

5-3 結晶格子に複数の原子を配置する結晶構造

結晶格子に複数の原子を配置することによって，さまざまな結晶構造が理解できる．ここで，原子を配置するために座標を定義する．単位格子の頂点の1つを原点，平行でない3つの辺を軸とした座標で，単位格子の辺の長さが1となるように座標を決める．(0 0 0) は頂点の一つであり，$\left(\frac{1}{2}\ \frac{1}{2}\ \frac{1}{2}\right)$ は単位格子の真ん中を示している(図5-7).

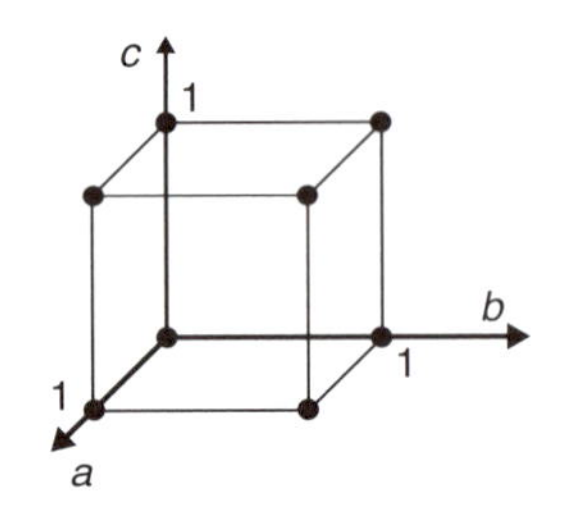

図 5-7 結晶格子と座標

5-3-1 塩化セシウム型構造

単純単位格子に2種類の原子を配置する．このとき，1種類を格子の頂点の上に，もう1種類を格子の中心 $\left(\frac{1}{2}\ \frac{1}{2}\ \frac{1}{2}\right)$ におく．すると，図5-8のような結晶ができる．こうしてできる結晶は塩化セシウム型構造と呼ばれ，CsCl の他，CaS，CuZn などがこの構造をとる．

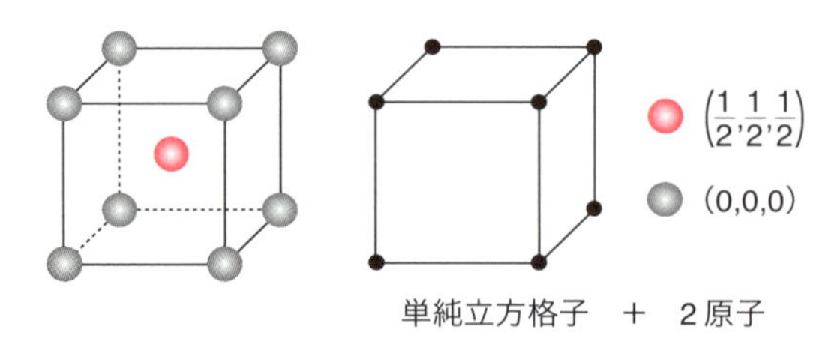

図 5-8 塩化セシウム型構造*3

*3 原子の横にある数字は，単位格子の中の原子の座標を示す．単位格子の頂点の1つを原点，平行でない3つの辺を軸とした座標で，単位格子の辺の長さが1となるように座標を決める．(0,0,0) は頂点の1つであり，$\left(\frac{1}{2},\frac{1}{2},\frac{1}{2}\right)$ は単位格子の真ん中を示している．

例題 5-4 塩化セシウムの単位格子は一辺 0.411 nm の立方体である．Cs 原子と Cl 原子の距離を求めよ．

解答 立方体の体対角線(もっとも遠い頂点間の距離)の長さは一辺の長さの $\sqrt{2}$ 倍である．Cs と Cl の距離はその半分なので

$$\frac{\sqrt{3}}{2} \times 0.411\ \text{nm} = 0.356\,[\text{nm}] \tag{5-3}$$

である．

5-3-2　NaCl 型構造

面心立方格子は，格子点に置く要素によってさまざまな結晶の元となっている．NaCl 構造は，2 種類の原子を立方体の頂点と辺の中心においた原子の配置を各格子点とした構造である（図 5-9）．

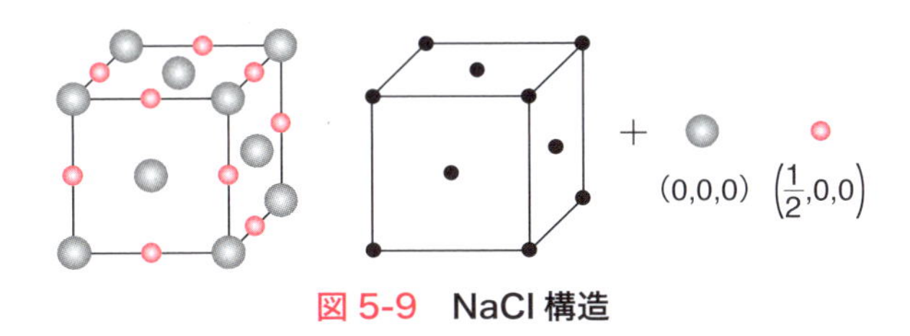

図 5-9　NaCl 構造

5-3-3　ダイヤモンド構造，閃亜鉛鉱構造

面心立方構造においては，ある頂点とそこに隣接する 3 つの面心の格子点が正四面体の頂点になる．その正四面体の中心と頂点位置にそれぞれ 1 つの原子をおく構造を各格子点に配置すると，図 5-10 のような構造になる．すべての原子が同種の場合を**ダイヤモンド構造（diamond structure）**といい，ダイヤモンド，ケイ素などの結晶がこの構造をとる．頂点と四面体の中心の原子が異なる場合を**閃亜鉛鉱構造（zinc blende structure）**という．ZnS（閃亜鉛鉱），AgI などの結晶がこの構造をとる．

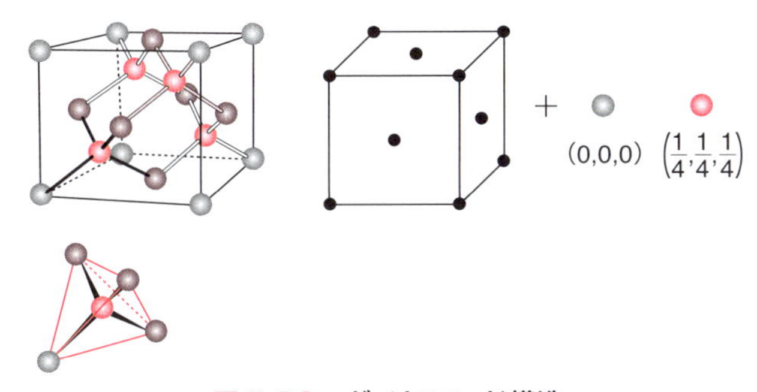

図 5-10　ダイヤモンド構造

5-3-4　いろいろな結晶の構造

ここまでに述べた構造以外にも，さまざま構造をもつ結晶がある．ここでは，身近な結晶の例としてグラファイトと氷について述べる．

グラファイトは炭素の単体で，黒鉛とも呼ばれる黒色の柔らかい結晶である（図 5-11）．鉛筆の芯はグラファイトが主成分である．グラファイトの結晶は層状構造をもっている．各層は C 原子が sp^2 軌道によって共有結合している．そのため，層内の C 原子は 120° の結合角で隣の原子と結合しており，その構造は平面上に正六角形を並べた形になっている．層間

同素体
炭素の単体には，ダイヤモンド，グラファイトの他に C_{60}，C_{70} 分子などのフラーレン，筒状の構造をもつカーボンナノチューブがある．これらを同素体とよぶ．

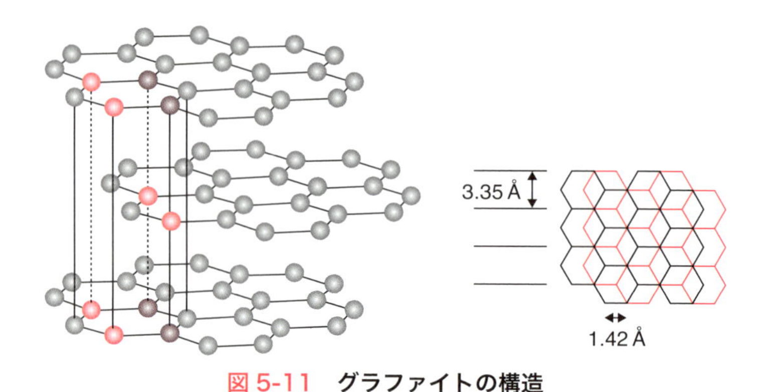

図 5-11 グラファイトの構造

はファンデルワールス結合によって弱く結合している．層の垂直方向から結晶を見たとき，層と層の間は少しずれているが，一層おきに同じ配置になっている．グラファイトに力が働くと層の間が滑って形が変わるので，結晶は柔らかい．

氷は，水分子が水素結合でつながってできている（図 5-12）．結晶全体にわたって水素結合のネットワークができているので，硬い結晶となる．一方，O 原子は sp^3 混成軌道をなしているので，H 原子・孤立電子対と O 原子がそれぞれ正四面体の頂点と中心の位置になっている．この構造はダイヤモンドと同様に充填率の低い（すきまの多い）構造であり，密度が低い．そのため，液体の水よりも氷のほうが低密度になり，氷は水に浮く*4．

*4 一般には，固体のほうが液体よりも密度が高く，固体は液体に沈む．

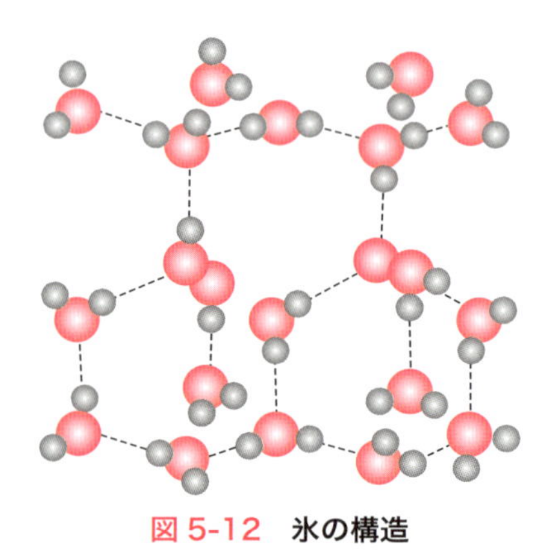

図 5-12 氷の構造

5-4 非晶質

この節のキーワード
単結晶，多結晶，非晶質（ガラス）

ここまで，原子や分子が規則的に並んでいる固体である結晶を見てきた．ダイヤモンドのように，手に取った固体全体にわたって原子・分子が規則的に並んでいるものを**単結晶（single crystal）**という．一般に，結晶といっても単結晶であるとは限らない．むしろ通常の固体は小さな単結晶の

コラム 氷の多形

水を冷やすと氷の結晶になる．通常目にする氷は，1 気圧，0℃近くの氷（Ih）だ．氷は，圧力，温度を変えるとさまざまな結晶構造を示す〔これを**多形（polymorphism）**という〕．数多くの結晶構造が知られており，図には 11 種類もの構造があることが示されている．

一方，液体をすばやく冷やすと非晶質ができる．タンパク質の構造を電子顕微鏡で見るために，液体エタンで水溶液を凍結させ，非晶質の固体にする技術が開発された．これを使ってタンパク質分子を 1 つずつ観測し，構造を明らかにした研究に対して，2017 年にノーベル化学賞が授与された．

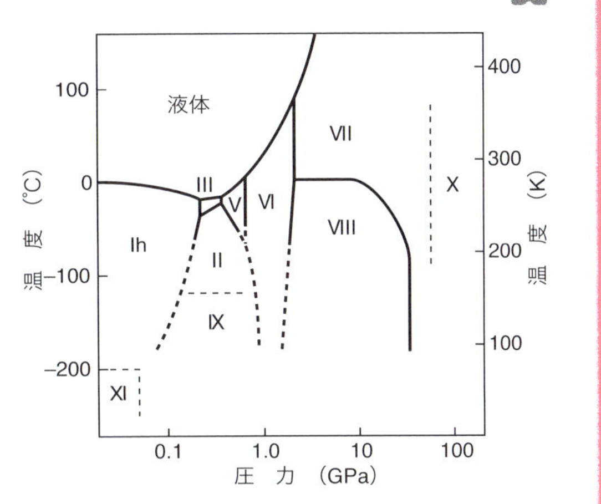

図 さまざまな温度，圧力における氷の結晶
ローマ数字は結晶の種類を表す．11 種類ある．C. Lobban, J. L. Finney, W. F. Kuhs, *Nature*, **391**, 268 (1998).

粒が多数固まって構成されている．このような固体を**多結晶（polycrystal）**という．多結晶では，小さな単結晶どうしの配列は無秩序になっている．しかし多結晶であっても，小さな単結晶の中ではこれまで議論してきた結晶構造が存在する．つまり，原子・分子間距離のような短距離においては秩序だった結晶構造をもっている．

原子，分子の配列が，短距離でも不規則に乱れているものがある．これを**非晶質（amorphous material）**と呼ぶ*5．結晶物質は，液体をゆっくりと冷やすと生成する．ゆっくりと冷えていく間に，原子，分子が安定な配列に徐々に落ち着いていく．一方，液体を急速に冷却すると，液体の無秩序な構造のまま固体になり，非晶質が生成する．同じ組成であっても結晶と非晶質は異なる性質をもつ．二酸化ケイ素 SiO_2 は，液体を急冷すると非晶質となる．これを石英ガラスという．一方，SiO_2 の結晶は水晶と呼ばれ，六角形のきれいな結晶である．

*5 非晶質は，アモルファスやガラスと呼ばれることもある．この場合，ガラスという呼び方は，「窓ガラス」のような一般的な言葉より広義の意味を示す．「窓ガラス」は「ガラス」の一種である．

章末問題

1 体心立方構造に球が充填しているときの充填率を求めよ．

2 ダイヤモンドの単位格子の 1 辺の長さは 0.357 nm である．ダイヤモンドの C–C 結合の長さを求めよ．

3 Siの結晶はダイヤモンド構造であり，立方体の単位格子に8つの原子が入っている．Siの原子量を28.086，単位格子の一辺の長さを543.10 pm，密度を2.3290 g cm^{-3} として，アボガドロ数を求めよ．

4 次の固体は共有結晶，イオン結晶，金属結晶，分子結晶のどれに分類されるか．

(1) 塩 (2) ダイヤモンド (3) ニッケル (4) 水晶 (5) 氷酢酸

5 次の結晶の単位格子を図示せよ．

(1) 銀 (2) NaCl (3) CsCl (4) ダイヤモンド

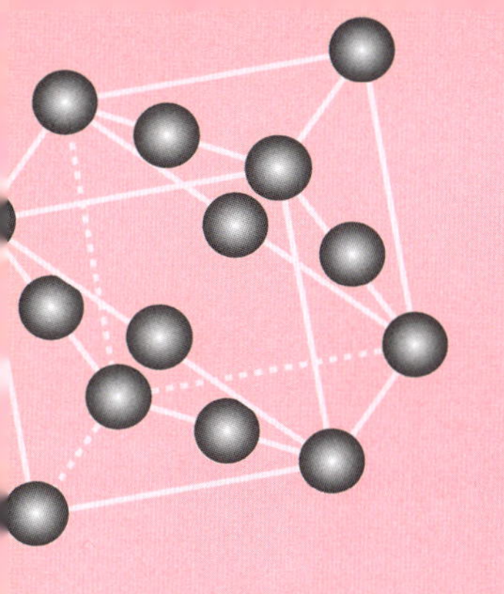

第6章 溶液の性質

Property of Solution

この章で学ぶこと

均一な液体の中に2種類以上の物質が入っているとき，これを溶液という．塩や砂糖を水に溶かすと透明になる．これは塩や砂糖がなくなってしまったのではなく，目に見えないほど小さな粒になっているためである．物質は溶液の状態で利用されることも多いので，溶液やその中の溶質の状態について理解することは重要だ．この章ではまず物質の溶解について述べる．特に水と水溶液について詳しく述べたあと，溶解度についてまとめる．希薄溶液の示す一般的性質である凝固点降下などについても本章で述べる．また，狭義では溶液とはいえないが，数 μm 以上の粒子が分散した系であるコロイドについても述べる．

6-1 物質の溶解

この節のキーワード
溶解，水和，溶媒和

塩や砂糖を水に混ぜると，白い粉が溶けて透き通った溶液ができる．これを**溶解（dissolution）**という[*1]．溶解現象は，溶液の中で溶質が分子，あるいはイオンごとにバラバラになることである．塩(塩化ナトリウム)の溶解を例にとって，溶解現象について考えてみよう（図6-1）．分子，原子あるいはイオンは集合することで安定になる．これは，物質を冷やしていくと気体から液体や固体になることからもわかる[*2]．第5章で見たように，塩化ナトリウム固体の中ではナトリウムイオン Na^+ と塩化物イオン Cl^- が交互に並び，クーロン引力で引きつけあって安定化している．水に溶けて Na^+ と Cl^- がバラバラになれば，この安定化がなくなってしまうのに，どうして溶けるのだろうか．それには2つの理由がある．1つは，Na^+ や Cl^- が水分子に囲まれて安定化すること，もう1つはそもそもモノはバラ

*1　第2章でも述べたが，用語の確認をしよう．塩水においては，塩が溶質，水が溶媒，塩水が溶液である．

*2　この過程については第11章で議論する．

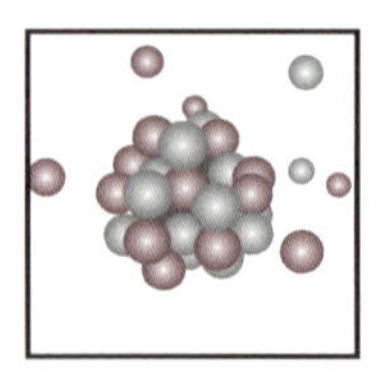
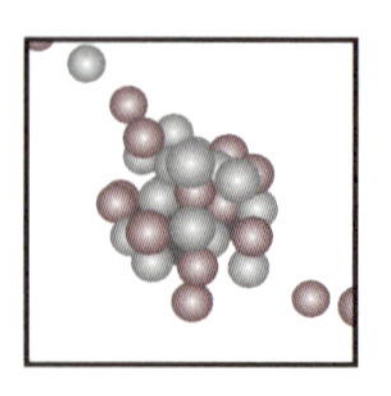
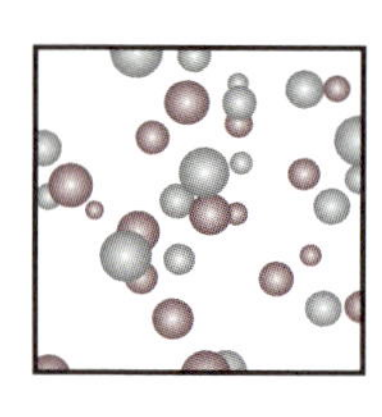

図 6-1 塩化ナトリウムの溶解
G. Lenaro, G. N. Patey, *J. Phys. Chem. B*, **119**, 4275 (2015).

バラになりやすいということだ[*3]．前者，つまり，溶質が水分子に囲まれて安定化することを**水和（hydration）**という．水以外の溶液についても同様のことがいえる．このとき，溶質分子が溶媒に囲まれて安定化することを**溶媒和(solvation)**という．

*3 熱力学第二法則と関連させて第 9 章で議論する．

6-2 水の性質と水和

この節のキーワード
双極子モーメント，極性，水和

最も身近な液体である水について考えよう．ただし水は，いろいろな液体の中でも非常に特殊で複雑な液体であり，現在でも完全に理解されているとはいい難い．

まず水の構造（図 6-2）について確認しよう．第 4 章で見たように，水分子 H_2O は折れ曲がった構造をとる．O と H の電気陰性度がそれぞれ 3.44 と 2.20 であり，その差が大きいために OH 結合は H が $\delta+$，O が $\delta-$ となる極性をもつ．分子の折れ曲がりによって，水分子全体も極性をもつ．このため，水分子どうしは互いに電気的に引きつけあっている．また，水分子の間にはこの他に水素結合も働いている（図 6-3）．水素結合は，ある水分子の水素原子が他の水分子の孤立電子対に結合し，分子間の結合を強める作用である．

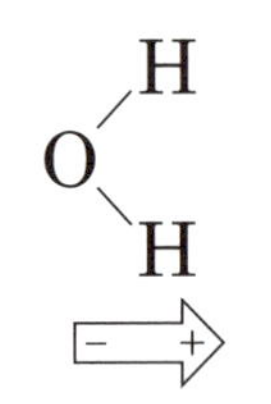

図 6-2 水の極性

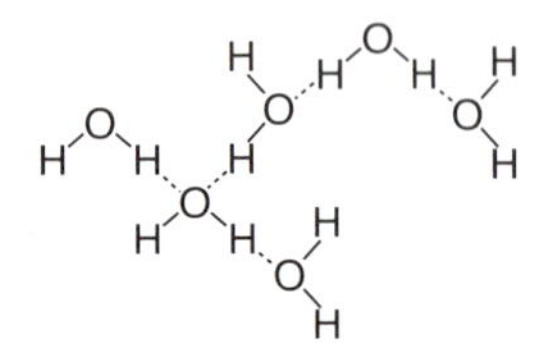

図 6-3 水の中の水素結合

図 6-4 は，14 ～ 17 族までの元素で，第 2 ～ 5 周期の元素の水素化物の沸点である．ここから，水，アンモニア，フッ化水素の沸点が他の物質に比べて高いことがわかる．また，その融点も高く，蒸発熱，融解熱も大きい．これは，これらの物質が極性と水素結合によって分子間で強固に結合していることに起因している．

水分子どうしを結びつける水素結合は，酸素原子を中心とする正四面体の頂点方向に伸びている．水の固体である氷の中では，すべての分子が水素結合でつながり，結晶をかたち作る．液体の水の中でも，近距離では正四面体の方向に結合する分子が多いが，氷と比べて乱れが大きくなっている．

水分子は共有結合で 2 つ，孤立電子対で 2 つの，合わせて 4 つの水素

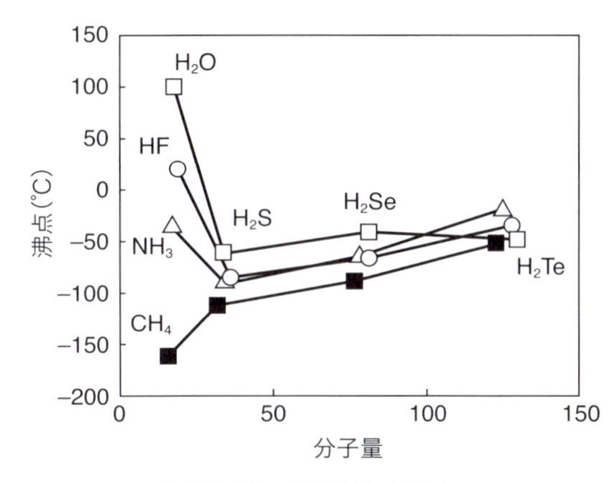

図 6-4 水素化物の沸点

結合をもつことができる．液体の水を考えるモデルとして，4つの水素結合のうちいくつかが失われているとするものがある．ただし，液体の中の水分子の作る構造はたいへん難しく，現在も明らかにはなっていない．

水はさまざまな物質を溶かしやすい液体である．一般論として，似たものどうしは溶けやすい，ということが知られている．水は極性の高い物質なので，極性の高いものを溶かしやすい．また，溶液中でイオンに分かれる物質を溶かしいやすいのが特徴だ．そこで，イオン性の物質の水溶液について考えてみよう．イオンの周りを微視的に見ると，正イオンには水分子の酸素原子，陰イオンには水素原子側が向いており，水分子の双極子モーメントによってイオンを安定化している（図 6-5）．また，陰イオンに水素結合を受容できる孤立電子対がある場合には水素結合による安定化の効果も大きい．

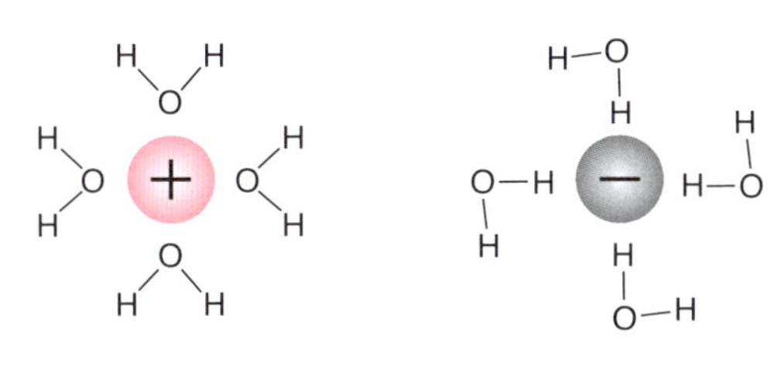

図 6-5 イオンの水和

6-3 溶解熱

この節のキーワード
溶解熱

物質 1 mol が多量の溶媒に溶解するときに発生する熱を**溶解熱（heat of dissolution）**という．熱を吸収する場合もあり，そのとき溶解熱は負の値だ．溶質が溶質どうし固まりあうことによる安定化と，溶液中での溶媒による安定化との差が溶解熱だと考えることができる．

たとえば硫酸の水への溶解熱は 95 kJ mol^{-1} である．これはさまざまな物質の中でかなり大きな値である．このため，濃硫酸を水で希釈するときには，濃硫酸を水に加える．間違えて水を濃硫酸に加えると水が加熱されて沸騰し，飛び散るので危険だ．一方，塩化ナトリウム NaCl の溶解熱は –3.9 kJ mol^{-1} である．これは NaCl を水に溶かすとわずかに温度が下がることを意味する．溶解熱が負だということは，NaCl では，Na^+ や Cl^- が水分子に安定化されるよりも NaCl どうしでいるほうが安定だということになる．ではなぜ溶解するのだろうか．それは，物質にはバラバラになりたいという性質があるからだ．これについては第 9 章で定量的に考察しよう．

この節のキーワード
飽和溶液，溶解度，溶解度曲線

6-4 固体の溶解度

固体の溶質を溶液に加えて溶かしていくとき, ある量以上は溶解しない. 溶質が最大限まで溶けた溶液を**飽和溶液（saturated solution）**という. 飽和溶液の濃度（**飽和濃度；saturating concentration**）は温度によって変化する.

溶媒 100 g に溶解する溶質の質量の最大値を g 単位で表したものを**溶解度(solubility)**という．溶解度は溶質, 溶媒による違いに加え, 温度によっても変化する．図 6-6 に，さまざまな物質の水に対する溶解度の温度依存性（**溶解度曲線；solubility curve** という）を示す．物質によって温度依存性がかなり異なることがわかる．

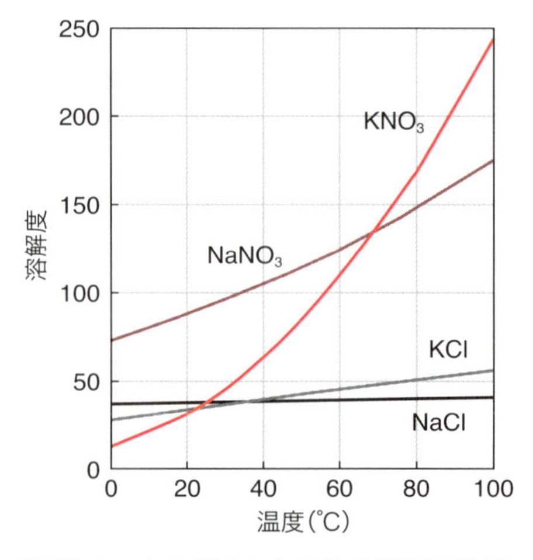

図 6-6 さまざまな化合物の溶解度曲線

例題 6-1 80 ℃の飽和硝酸カリウム水溶液 100 g を 20 ℃に冷却すると何 g の硝酸カリウム固体が析出するか．図 6-6 を参照して計算し，有効数字 2 桁で答えよ．

解答 グラフから，80 ℃，20 ℃における硝酸カリウムの水に対する溶解度は 170，30 と読み取れる．したがって，80 ℃の飽和硝酸カリウム水溶液 100 g に含まれる水の質量は

$$100\,[\mathrm{g}] \times \frac{100}{100+170} = 37.0\,[\mathrm{g}] \qquad (6\text{-}1)$$

である．この溶液を 20 ℃に冷却したときに溶液に溶けている硝酸カリウムの質量は

$$37.0\,[\mathrm{g}] \times \frac{30}{100} = 11.1\,[\mathrm{g}] \qquad (6\text{-}2)$$

であるから，析出する硝酸カリウム固体の量は 100 − 37.0 − 11.1 = 51.9 g となる．有効数字 2 桁では，52 g である[*5]．

*5 計算問題では，有効数字よりも多めの桁数で計算しておき，最後に有効数字を揃えるとよい．

6-5 気体の溶解度

この節のキーワード
ヘンリーの法則

気体の分子も液体の中に溶解する．炭酸飲料は，溶解度以上に CO_2 の溶け込んだ溶液である[*6]．気体分子の溶解度は，気体の圧力が高いほど大きくなる．液体の中に気体を無理やり押し込むイメージだ．溶解度は，気体の圧力に比例する．これを**ヘンリーの法則(Henry's law)**という．

混合気体については，溶解度は気体の分圧に比例する．ただし，塩化水素 HCl やアンモニア NH_3 が水に溶けるときには，これらの分子が水と反応するため，ヘンリーの法則は成り立たない．気体の溶解度は，その気体の分圧が 1 気圧のときの溶液中の溶質のモル分率で表すことが多い．

*6 ふたを開ける前は，高圧の CO_2 と平衡にある飽和溶液である．

過飽和
溶解度以上に溶質が溶け込んだ状態を過飽和という．安定な状態ではないので，時間がたてば溶質は溶液から分離する．

例題 6-2 酸素気体が 25 ℃，1 気圧において水と平衡にあるとき，水溶液中の酸素分子 O_2 のモル分率は 2.29×10^{-5} である．この水溶液 1 L に酸素分子は何グラム溶けているか．

解答 溶液 1 L 中の水分子と酸素の物質量をそれぞれ x，y とすると，O_2 のモル分率は 2.29×10^{-5} なので

$$\frac{y}{x+y} = 2.29 \times 10^{-5} \tag{6-3}$$

である．一方，この溶液 1 L は 1000 g と考えてよい．したがって

$$18x + 32y = 1000 \tag{6-4}$$

である．これらの式から

$$(18 + 32 \times 2.29 \times 10^{-5})\,x = 1000 \tag{6-5}$$

である．$18 \gg 32 \times 2.29 \times 10^{-5}$ であるから

$$x \cong \frac{1000}{18}\,\mathrm{mol} \tag{6-6}$$

$$y = \frac{2.29 \times 10^{-5}}{1 - 2.29 \times 10^{-5}}\,x \cong \frac{2.29 \times 10^{-5} \times 1000}{18}\,\mathrm{mol} \tag{6-7}$$

となる．これを用いて，酸素の質量は

$$y = 32 \times \frac{2.29 \times 10^{-5} \times 1000}{18} = 0.0407\,\mathrm{g} \tag{6-8}$$

と計算できる．

この例に示したような近似的な計算に慣れよう．実験には誤差があるので，非常に小さな桁まで計算する必要はないことが多い．

6-6 束一的性質

この節のキーワード
束一的性質, 蒸気圧降下, ラウールの法則, 凝固点降下, 沸点上昇, 浸透圧

希薄溶液の性質のいくつかは，溶質の物質量のみによって決まり，溶質の種類によらない．このような性質を**束一的性質（colligative property）**という．束一的性質には，蒸気圧降下，沸点上昇，凝固点降下，浸透圧がある．これらの性質は溶質の種類によらないのだから，分子間の相互作用に起因するものではなく，溶質と溶媒が混合していることのみによる効果である*7．

*7 混合によってエントロピーが増える効果である．

6-6-1 蒸気圧降下

溶液の蒸気圧について考察しよう．ラウール（Raoult）は，いくつかの溶液について，成分 i の蒸気圧分圧 P_i が純液体 i の蒸気圧 P_i^* とモル分率 x_i の積で表されることを発見した．

$$P_i = x_i P_i^* \tag{6-9}$$

このことを**ラウールの法則（Raoult's law）**という．成分 1 を不揮発性の溶質，成分 2 を溶媒とすれば

$$P_2 = x_2 P_2^* \tag{6-10}$$

であるから，純液体と溶液の蒸気圧の差は

$$P_2^* - P_2 = P_2^* - x_2 P_2^* = (1 - x_2) P_2^* = x_1 P_2^* \tag{6-11}$$

となる．つまり，溶媒の蒸気圧は，溶質のモル分率に比例した量だけ降下する．これを**蒸気圧降下（vapor-pressure depression）**という．

理想溶液
ラウールの法則が成り立つ溶液を**理想溶液（ideal solution）**という．その名前からわかるように，実際の溶液は厳密には理想溶液ではない．実際の溶液では，溶質と溶媒の間に溶質どうし，溶媒どうしの相互作用とは異なる分子間相互作用がある．濃度が変わると溶質–溶媒間の相互作用の割合が変化するので，蒸気圧は濃度の複雑な関数となる．理想溶液は，分子間相互作用が溶媒と溶質で全く同じ溶液である．ヘプタンのヘキサン溶液，重水の水溶液などが理想溶液に近い性質を示す．

6-6-2　沸点上昇

不揮発性の物質を溶媒に加えると，溶媒の沸点が上昇する（図 6-7）．これを**沸点上昇（boiling point elevation）**という．溶媒の沸点と溶液の沸点の差 ΔT_b を沸点上昇度という．沸点上昇度は溶質の質量モル分率 m [mol kg^{-1}]に比例する．

$$\Delta T_\mathrm{b} = K_\mathrm{b} m \tag{6-12}$$

K_b を**モル沸点上昇定数（molar boiling point constant）**という．K_b は溶媒に固有の値である．

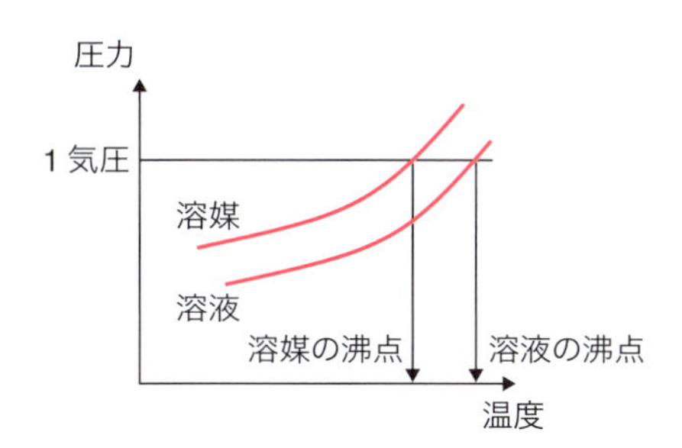

図 6-7　蒸気圧低下と沸点上昇
沸点は，液体の蒸気圧が気体の圧力（通常は 1 気圧）になるときの温度である．蒸気圧が低下すれば沸点は上昇する．

6-6-3　凝固点降下

不揮発性の物質を溶媒に加えると，溶媒の凝固点が降下する．これを**凝固点降下（freezing point depression）**という．溶媒の凝固点と溶液の凝固点の差 ΔT_m を凝固点降下度という．凝固点降下度は溶質の質量モル濃度 m_1 [mol kg^{-1}]に比例する．

$$\Delta T_{\mathrm{m}} = K_{\mathrm{m}} m_1 \tag{6-13}$$

K_{m} を**モル凝固点降下定数（molar freezing point constant）**という．K_{m} は溶媒に固有の値である．

例題 6-3　ベンゼン 100 g にナフタレンを 0.128 g 溶解させた．この溶液の凝固点を求めよ．ただしナフタレンの分子量は 128 とする．ベンゼンの凝固点は 5.333 ℃，凝固点降下定数は 5.12 K kg mol^{-1} である．

解答　溶液の質量モル濃度は

$$\frac{0.128\ \mathrm{g}}{128\ \mathrm{g\ mol^{-1}}} \times \frac{1000\ \mathrm{g\ kg^{-1}}}{100\ \mathrm{g}} = 0.01\ \mathrm{mol\ kg^{-1}} \tag{6-14}$$

である．したがって，凝固点降下度は

$$\Delta T_{\mathrm{m}} = 5.12\ \mathrm{K\ kg\ mol^{-1}} \times 0.01\ \mathrm{mol\ kg^{-1}} = 0.0512\ \mathrm{K} \tag{6-15}$$

であるから，この溶液の凝固点は

$$5.333 - 0.0512 = 5.2818\ \mathrm{K} \fallingdotseq 5.282\ \mathrm{K} \tag{6-16}$$

となる．

6-6-4　浸透圧

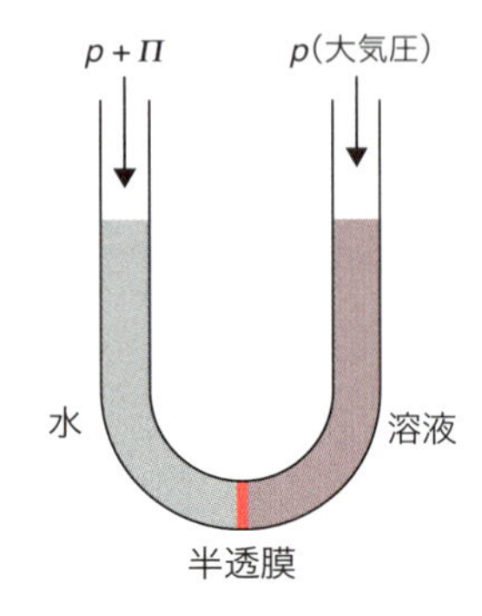

溶媒だけを通す膜（半透膜）で仕切った 2 つの容器に溶液と溶媒を入れると，溶媒側から溶液側に溶媒が移動する．これを**浸透（osmosis）**という．このとき，溶液側に適切な圧力をかけると浸透が起こらなくなる．この圧力を**浸透圧（osmotic pressure）**という．浸透圧 Π は，溶液のモル濃度 c と

$$\Pi = cRT \tag{6-17}$$

の関係にある．これを**ファント・ホッフの法則（van't Hoff's law）**という．

例題 6-4　0.26 g L^{-1} のタンパク質水溶液が，水と半透膜を介して図 6-8 のように釣り合っているとする．温度は 25 ℃である．タンパク質水溶液の密度は水と同じと考えて，このタンパク質の分子量を求めよ．

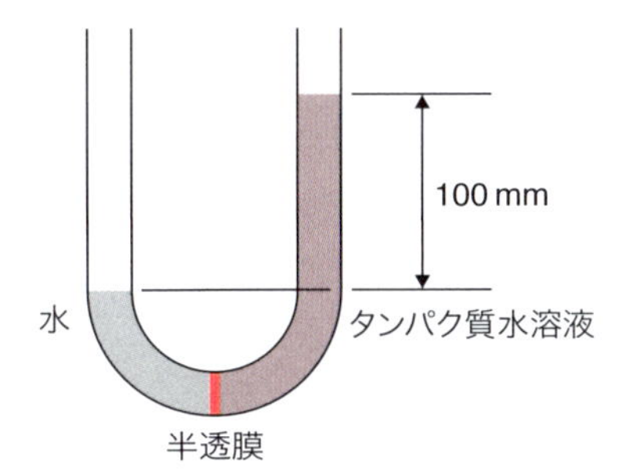

図 6-8　タンパク質水溶液の浸透圧

解答　溶液の浸透圧 Π は，水（溶液）の密度が 1000 kg m^{-3}，液面差が 100 mm（0.1 m）であることから，重力加速度を 9.8 m s^{-2} とすると

$$\Pi = 1000\,\mathrm{kg\,m^{-3}} \times 0.1\,\mathrm{m} \times 9.8\,\mathrm{m\,s^{-2}} = 980\,\mathrm{kg\,m^{-1}\,s^{-2}} = 980\,\mathrm{N\,m^{-2}} \qquad (6\text{-}18)$$

と求めることができる．ここから，タンパク質水溶液のモル濃度 c を計算する．

$$c = \frac{\Pi}{RT} = \frac{980\,\mathrm{N\,m^{-2}}}{8.31\,\mathrm{J\,mol^{-1}\,K^{-1}} \times 298.15\,\mathrm{K}} = 3.96 \times 10^{-1}\,\mathrm{mol\,m^{-3}} = 3.96 \times 10^{-4}\,\mathrm{mol\,L^{-1}} \qquad (6\text{-}19)$$

これが 0.26 gL^{-1} に相当するので，このタンパク質の分子量は

$$\frac{0.26\,\mathrm{g\,L^{-1}}}{3.96 \times 10^{-4}\,\mathrm{mol\,L^{-1}}} = 6.6 \times 10^{2}\,\mathrm{g\,mol^{-1}} \qquad (6\text{-}20)$$

である．

6-7　コロイド

この節のキーワード
コロイド，分散，チンダル現象，電気泳動，ブラウン運動

物質を液体に溶かそうとしたとき，分子，原子までバラバラにならず，数 nm ～数 10 μm の大きさの粒子として分散し，長時間安定な状態になることがある．これをコロイドという．このときこの物質は溶解しているとはいわず，**分散（dispersion）**していると呼んで区別する．また，分散している粒子を**コロイド粒子（colloid particle）**，コロイド粒子が分散している液体を**分散媒（dispersion media）**[*8]，コロイド粒子が分散した液体をコロイド溶液という．

コロイド溶液の身近な例として牛乳や墨汁がある．それぞれ脂肪や黒鉛が水中に分散したコロイド溶液である．コロイド溶液には，通常の溶液に

*8　分散媒は気体でもよい．大気中の微粒子などがその例であり，エアロゾルと呼ばれる．

はないいくつかの性質がある．それらの性質について見ていこう．いずれも，コロイド粒子が分子と比べて大きいために見られる性質だ．

6-7-1 チンダル現象

コロイド溶液にレーザー光のような強い光を当てると，光の通り道が明るく見える．これを**チンダル現象（Tyndall phenomenon）**という．チンダル現象は，粒子によって光が散乱されることによって観測される．光は，屈折率の異なる媒質を通るときに散乱や反射を起こす．粒子の大きさが光の波長以上の大きさであれば，粒子の表面で散乱が生じる．可視光の波長は 400 ～ 700 nm 程度なので，数 μm 以上の大きさをもつコロイド粒子においては光の散乱が観測される．一方，均一に溶けている溶液の場合，分子の大きさは光の波長よりもはるかに小さいのでチンダル現象は観測されない．

6-7-2 電気泳動

コロイド粒子は，分散媒に不溶のものが小さく分散している系である．コロイド粒子どうしが結合すると，分散できずに凝集，沈殿する．コロイド粒子は，多くの場合電荷をもち，電荷の反発力によって凝集が妨げられている．コロイド溶液に電極を差し込んで直流電圧をかけると，正に帯電したコロイド粒子は陰極に，負に帯電したコロイド粒子は陽極に移動する．これを**電気泳動（electrophoresis）**という．

電気泳動にかけることによって，コロイド粒子が正，負のどちらに帯電しているかを知ることができる．たとえば水酸化鉄(Ⅲ)のコロイドは正に帯電しており，電気泳動を行うと陰極へ移動する．表面電荷によってコロイド粒子表面の電位は変化する．この表面電位を**ゼータ電位（zeta potential）**という．さまざまなコロイド粒子に対するゼータ電位が知られている．

6-7-3 ブラウン運動

コロイド粒子は，コロイド溶液の中で不規則な運動をしている．この運動は**ブラウン運動（Brownian motion）**と呼ばれ，コロイド粒子が散乱する光を利用して，顕微鏡で観察できる．

この運動は，コロイド粒子に対する分散媒分子の衝突によって生ずる．つまり，ある瞬間にはコロイド粒子に対して同方向から多数の分子が衝突することによってコロイド粒子がある方向へ動き，次の瞬間には違う方向に同様なことが起こる，という機構でブラウン運動は起こっている．

この現象自体は古くから知られていたが，理論的に機構を明らかにした

コラム　ペランの実験

ペランが観察した，水の中のコロイド粒子のブラウン運動を図に示す．粒子の運動はランダムであることがわかる．最初の位置からのズレ（変位）を X とすると，時間が経つごとに X は大きくなっていく．アインシュタインの理論によれば，X の平均値（正確には X^2 の平均値の平方根）は経過時間 t の平方根に比例し

$$\frac{X\text{の平均値}}{\sqrt{t}} = \sqrt{\frac{RT}{3\pi a\eta N_{\mathrm{A}}}}$$

で表される．ここで，R は気体定数，T は絶対温度，a は粒子の半径，η は水（分散媒）の粘性率，N_{A} はアボガドロ定数である．この式からアボガドロ定数を求めると，6.4×10^{23} となった．この値が，気体の圧力から求めた値と一致したことは，物質が原子，分子でできていることの強い証拠となった．

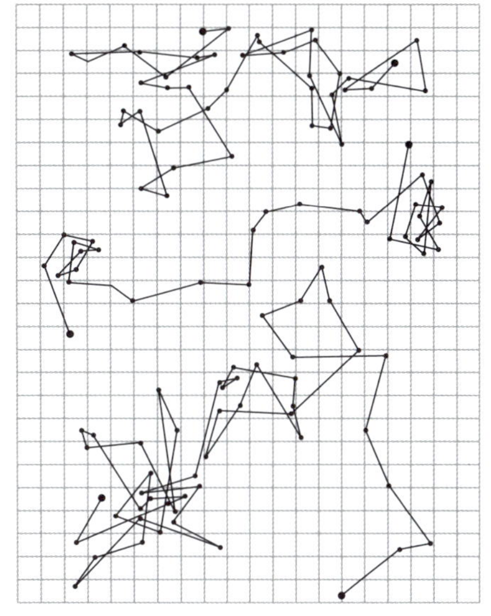

図　ペランの実験

ペランの観察したコロイド粒子の運動の様子．粒子の運動の軌跡が線で結ばれている．J. Perrin, *Ann. Chim. Phys.*, **18**, 5 (1909).

のは，相対性理論で有名なアインシュタインだった．一方，アインシュタインの理論を実験によって裏づけたのはペランという化学者である．ペランは，ブラウン運動の精密な観察からアボガドロ数を算出した．これがそれまで知られていた値とほぼ同じであることから，物質が原子，分子からできていることが実験的に証明された．ペランはこの業績によって 1926 年のノーベル物理学賞を授与されている．

章末問題

1 窒素気体が 25 ℃，1 気圧において水と平衡にあるとき，水溶液中の窒素分子 N_2 のモル分率は 1.18×10^{-5} である．この水 1 L に窒素分子は何グラム溶けているか．

2 ナフタレンのベンゼンに対する飽和溶液は，ナフタレンのモル分率として 60 ℃のとき 0.668, 20 ℃のとき 0.260 である．それぞれの温度で，ナフタレンのベンゼンに対する溶解度はいくらか．

3 60 ℃のナフタレンのベンゼン飽和溶液 100 g を 20 ℃に冷却すると何 g のナフタレンが析出するか.

4 水のモル凝固点降下定数は 1.853 K kg mol^{-1} である. 水 100 g に 17.1 g の糖を溶かしたところ, 凝固点は −0.93 ℃であった. この糖の分子量を求めよ.

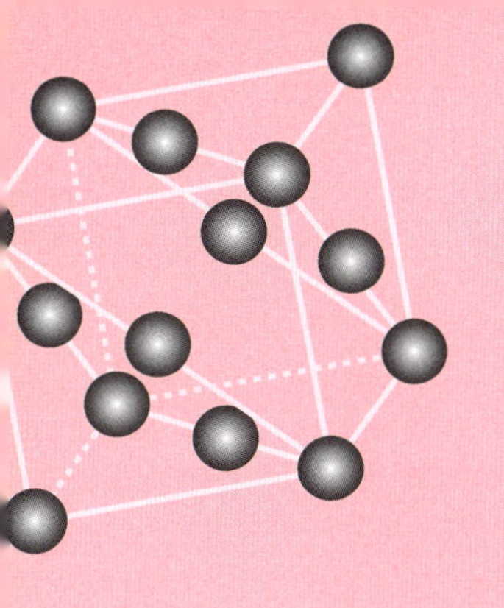

第 7 章 気体の性質

Property of Gas

この章で学ぶこと

この章では気体の物理化学的性質について学ぶ．気体の中では，バラバラの原子・分子が飛び回っている．まず，低圧，高温の極限である理想気体について，理想気体の状態方程式に基づいて学ぶ．実際に存在する気体（実在気体）の性質は理想気体からのズレとして考えるので，理想気体の理解は重要だ．理想気体を混合したときの性質についても考える．次に，分子がバラバラに飛び回るときに壁にぶつかる力を考察し，その力が理想気体の圧力の源になっていることを理解する．最後に実在気体について学ぶ．実在気体に対するファンデルワールスの状態方程式という有名な式を紹介する．

7-1　理想気体

この節のキーワード
理想気体，状態方程式，気体定数

われわれは気体(空気)に囲まれて暮らしている．日ごろは意識しないが，強い風が吹いたり，風船を膨らましたりするときにそれを実感することができる．気体は常に周りを押しのけて広がろうとしている．平衡状態では，その力は容器の壁の単位面積あたりに一定の大きさをもつ．これを気体の**圧力（pressure）**という．圧力の SI 単位は Pa（パスカル）であり，大気圧は 10^5 Pa（1000 hPa)程度である．

大気圧の変化は気象に大きく影響するので，気象情報には大気圧が含まれている．このように，気体は日常生活において重要な役割を担う．（当然ではあるが）気体も物質なので，化学の言葉で理解する必要がある．ここではまず，気体分子の大きさと分子どうし引きつけあう力を無視して単純化した**理想気体（ideal gas）**について考えよう．実際の気体は理想気体ではないが，体積が大きい(分子の大きさの効果が減る)，または圧力が小さい(分子どうしの距離が遠く，及ぼしあう力が小さい)極限においては理想気体として振る舞う．

具体的に考えていこう．すべての気体は，圧力 p が十分に低いときには次式に従う．

$$pV = nRT \tag{7-1}$$

この式を**理想気体の状態方程式(equation of state of ideal gas)**という．逆に，式 (7-1) が成り立つ気体が理想気体だということもできる．V は体積，n は物質量である．T は**絶対温度 (absolute temperature)** であり，われわれが通常用いる摂氏温度（セルシウス温度）θ とは次の関係にある．

$$T = \theta + 273.15 \tag{7-2}$$

R は定数で，**気体定数 (gas constant)** と呼ばれる．その値は約 8.314 J K^{-1} mol^{-1} である．

例題 7-1 底面積 100 cm^2，高さ 10 cm の容器がある．周囲は圧力 10^5 Pa の理想気体であるとする．この容器を 100 ℃に温めてからふたをして密閉し，温度を 0 ℃にすると，中の圧力はいくらになるか．また，0℃のままふたをとるにはどのくらいの力が必要か．

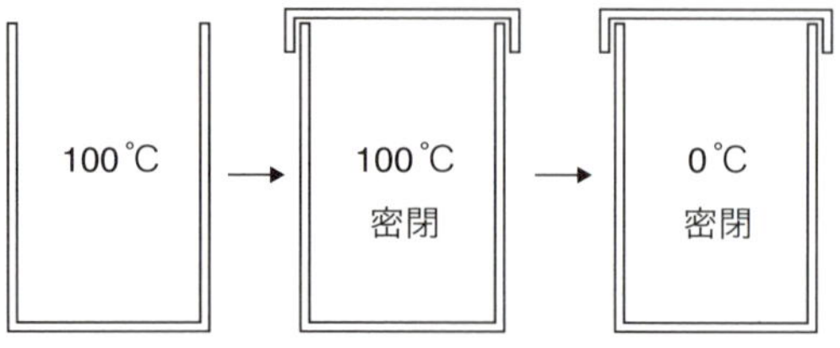

図 7-1 理想気体の圧力

解答 理想気体の状態方程式を用いて考える．この問題では，体積と物質量は一定である．変化する圧力と温度に添え字をつけて 100 ℃と 0℃の状態方程式を書くとそれぞれ次のようになる．

$$p_{100}V = nRT_{100} \tag{7-3}$$
$$p_0V = nRT_0 \tag{7-4}$$

ここから

$$\frac{V}{nR} = \frac{T_{100}}{p_{100}} = \frac{T_{100}}{p_{100}} \tag{7-5}$$

となるので，求める圧力 p_0 は

$$p_0 = \frac{T_0}{T_{100}} p_{100} \tag{7-6}$$

となる．0 ℃，100 ℃はそれぞれ 273.15 K，373.15 K であるから

$$p_0 = \frac{273.15\ \mathrm{K}}{373.15\ \mathrm{K}} \times 1.0 \times 10^5\ \mathrm{Pa} = 7.3 \times 10^4\ \mathrm{Pa} \tag{7-7}$$

これが最初の問いへの答えである．

ふたをとる力 F については，ふたを外から押さえつける圧力と中の圧力との差を考え，面積をかけて求める．

$$\begin{aligned} F &= (1.0 \times 10^5 - 7.3 \times 10^4)\ \mathrm{Pa} \times 100\ \mathrm{cm}^2 \times 10^{-4}\ \frac{\mathrm{m}^2}{\mathrm{cm}^2} \\ &= 2.7 \times 10^2\ \mathrm{N} \end{aligned} \tag{7-8}$$

最後の項（10^{-4}）は単位を SI 単位に揃えるために掛けた．これは，27 kg のものをもち上げる力に相当する．

7-2　混合気体

この節のキーワード
理想混合気体，ドルトンの分圧の法則

理想気体は，定温定圧のもとでは，混合しても体積が変化しない．これを理想混合気体という．簡単のため 2 つの成分からなる気体について議論するが，成分の数が多くても同じ結論が得られる．成分 1，2 からなる理想混合気体の体積 V は混合前のそれぞれの体積を V_1，V_2 として

$$V = V_1 + V_2 \tag{7-9}$$

となる．各成分気体が理想気体であれば，混合前の気体について圧力 p，温度 T の状態方程式を考えると

$$pV_1 = n_1RT \tag{7-10}$$

$$pV_2 = n_2RT \tag{7-11}$$

である．これらの式から，

$$pV = (n_1 + n_2)RT \tag{7-12}$$

であることがわかる．一般に混合物において，ある成分の物質量の全物質量に対する比を**モル分率(mole fraction)**という．いまの例では，成分1のモル分率 x_1 は

$$x_1 = \frac{n_1}{n_1 + n_2} \tag{7-13}$$

である．

$$x_1 + x_2 = \frac{n_1}{n_1 + n_2} + \frac{n_2}{n_1 + n_2} = 1 \tag{7-14}$$

のように，モル分率の総和は常に1である．

圧力 p の理想混合気体について

$$p_1 = x_1 p \tag{7-15}$$

を成分1の**分圧（partial pressure）**という．このとき p を**全圧（total pressure）**という．この分圧の定義から

$$p_1 + p_2 = x_1 p + x_2 p = (x_1 + x_2)p = p \tag{7-16}$$

である．この結論は，成分が多数あっても同じである．つまり，理想混合気体では，分圧の総和が全圧となる．このことを**ドルトンの分圧の法則（Dalton's law of partial pressure）**という．

7-3　気体分子運動論

この節のキーワード
エネルギー等分配側，根2乗平均速度

気体はなぜ広がろうとするのだろうか．それは，気体が分子でできていて，その分子が飛んでいるからである．気体分子は壁にぶつかって力を及ぼしていて，それが巨視的な圧力となっている．このことを具体的に考えていこう．まず,大きさの決まった容器に分子が1つだけある場合を考え，その結果を多数の分子が容器中にある場合に適用する．

一辺の長さが L の立方体の容器に分子が1つ入っているとする．分子は x 方向に v_x の速度で飛び，容器の壁にぶつかる（図7-2)．気体分子が壁と完全弾性衝突するとすると，気体分子のは v_x の速度で壁にぶつかり，反対向きに v_x の速度で飛び去っていく．このときの運動量変化は，気体分子の質量を m として

完全弾性衝突
衝突の前後で物体のエネルギーの総和が全く変化しないような衝突．もしボールと床の衝突が完全弾性衝突であったなら，ボールは永久にはずみ続ける．

$$mv_x - (-mv_x) = 2mv_x \tag{7-17}$$

である．一方，気体分子は，壁と壁の間を往復する距離である $2L$ だけ飛ぶごとに右側の壁と1回衝突する．したがって，単位時間あたりに右側

の壁と気体分子が衝突する回数は $\frac{v_x}{2L}$ 回である．これを用いると，単位時間あたりに分子が右側の壁に当たって起こす運動量の変化は総計で

$$2mv_x \cdot \frac{v_x}{2L} = \frac{m{v_x}^2}{L} \tag{7-18}$$

と求められる．ここで，単位時間あたりの運動量の変化は，分子の受けた力に等しい．また，壁は動かないと考えるので，粒子の受ける力は，壁の受ける力と同じである．したがって，1つの分子が壁を押す力は $\frac{m{v_x}^2}{L}$ である．壁にかかる圧力 p は，力を壁の面積で割ったものであるから

$$p = \frac{m{v_x}^2}{L}\frac{1}{L^2} = \frac{m{v_x}^2}{L^3} \tag{7-19}$$

L^3 は立方体の体積 V に等しい．したがって

$$p = \frac{m{v_x}^2}{V} \tag{7-20}$$

である．このようにして，x 方向に速度 v_x で飛ぶ分子が容器に入っている場合の圧力を，分子の運動から導くことができた．

次に，分子がたくさんある場合について考えていこう．容器の中に1 mol の理想気体があるとする．理想気体では分子どうしは互いに力を及ぼさない．したがって，1つ1つの分子の及ぼす圧力の総和が気体の圧力となる．すべての分子が同じ速度で飛んでいるとは限らないので，平均値を用いて考える．分子の x 方向の速度の2乗の値の平均値を $\overline{{v_x}^2}$ とする．このとき，1 mol の分子についての ${v_x}^2$ の総和は，$\overline{{v_x}^2}$ の分子数（アボガドロ数 N_A）倍である．つまり，このとき容器の圧力は

$$p = \frac{N_A m\overline{{v_x}^2}}{V} \tag{7-21}$$

である．

ここまでの議論では，分子の x 方向の速度のみ考えてきたが，分子は y 方向，z 方向にも運動している．よって，分子の速さを v とし，すべての方向が等価だと仮定すると

$$\overline{{v_x}^2} = \overline{{v_y}^2} = \overline{{v_z}^2} = \ = \frac{1}{3}\overline{v^2} \tag{7-22}$$

がいえるので

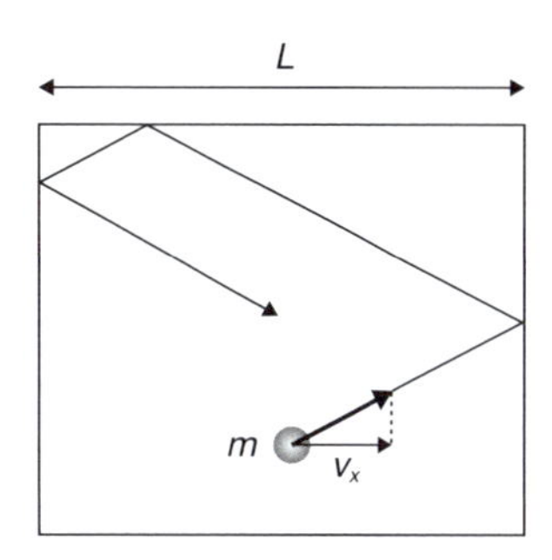

図 7-2　1つの分子が飛ぶ容器

$$pV = \frac{1}{3}N_{\mathrm{A}}m\overline{v^2} \tag{7-23}$$

となる．この式から，ある平均速度をもつ気体が容器に入っている場合には，圧力と体積の積が一定値を示すことがわかる．これは理想気体の状態方程式と同じであり，分子運動の考察から理想気体の状態方程式を導いたことになる．

式(7-21)の右辺は，気体分子のエネルギーと関係がありそうだ．なぜなら，速さ v の分子の運動エネルギーは $\frac{1}{2}mv^2$ だからである．式(7-21)を理想気体の状態方程式と比較してみよう．いま，1 mol の気体について考えているので，状態方程式は

$$pV = RT \tag{7-24}$$

である．これを式(7-21)と比較すると，

$$RT = \frac{1}{3}N_{\mathrm{A}}m\overline{v^2} \tag{7-25}$$

ボルツマン定数
1.38×10^{-23} J K^{-1} の値をもつ定数である．式(7-28)から，分子の運動エネルギーと系の温度をつなぐ定数であることがわかる．式(7-24)から温度は系のマクロな性質である圧力，体積を表すので，ボルツマン定数はミクロとマクロをつなぐ数だと考えることができる．

が得られる．ボルツマン定数 k_{B} を

$$k_{\mathrm{B}} = \frac{R}{N_{\mathrm{A}}} \tag{7-26}$$

と定義すると

$$k_{\mathrm{B}}T = \frac{1}{3}m\overline{v^2} \tag{7-27}$$

となる．この式を，式(7-22)を用いて書き直してみる．

$$\frac{1}{2}k_{\mathrm{B}}T = \frac{1}{2}m\left(\frac{1}{3}\overline{v^2}\right) = \frac{1}{2}m\overline{v_x^2} \tag{7-28}$$

v_y，v_z についても同様の式が得られる．式(7-28)の右辺は，分子が x 軸方向にもつ運動エネルギーの平均値である．つまり，この式は，分子の平均運動エネルギーは3つの方向に等しく分配され，その値は $\frac{1}{2}k_{\mathrm{B}}T$ である，ということを表している．このことを，**エネルギー等分配の法則（law of equipartition of energy）**という．分子1個あたりの平均エネルギーを $\overline{\varepsilon}$ とおけば

$$\bar{\varepsilon} = \frac{1}{2}m\overline{v^2} = \frac{1}{2}m\left(\overline{v_x^{\ 2}} + \overline{v_y^{\ 2}} + \overline{v_z^{\ 2}}\right) = \frac{3}{2}k_{\mathrm{B}}T \tag{7-29}$$

となる．式(7-29)から

$$\sqrt{\overline{v^2}} = \sqrt{\frac{3k_{\mathrm{B}}T}{m}} \tag{7-30}$$

が得られる．これを根平均 2 乗速度という．これは，ある温度の気体の中で分子が飛ぶ速度の平均値を示している．

例題 7-2　25 ℃における窒素分子の根平均 2 乗速度を求めよ．窒素分子の分子量は 28 とする．

解答　式(7-30)を用いて計算する．ボルツマン定数は式(7-26)を使って換算する．

$$\sqrt{\overline{v^2}} = \sqrt{\frac{3k_{\mathrm{B}}T}{m}}$$

$$= \sqrt{3 \times \frac{8.314\ \mathrm{J\ K^{-1}\ mol^{-1}}}{6.02 \times 10^{23}\ \mathrm{mol^{-1}}} \times 298.15\ \mathrm{K} \times \frac{6.02 \times 10^{23}\ \mathrm{mol^{-1}}}{28 \times 10^{-3}\ \mathrm{kg\ mol^{-1}}}}$$

$$= \sqrt{3 \times \frac{8.314\ \mathrm{J\ K^{-1}\ mol^{-1}} \times 298.15\ \mathrm{K}}{28 \times 10^{-3}\ \mathrm{kg\ mol^{-1}}}} = 515\ \mathrm{m\ s^{-1}} \tag{7-31}$$

7-4　理想気体の内部エネルギー

この節のキーワード
内部エネルギー

ここで，理想気体の内部エネルギーについて考えてみよう．まずは単原子理想気体について考える．「単原子」とした理由は，気体分子の回転，振動のエネルギーを考察から除くためである．n mol の単原子理想気体の全エネルギーは

$$nN_{\mathrm{A}}\bar{\varepsilon} = nN_{\mathrm{A}}\frac{3}{2}k_{\mathrm{B}}T = \frac{3}{2}nRT \tag{7-32}$$

であり，1 mol の理想気体については

$$\text{全エネルギー} = \frac{3}{2}RT \tag{7-33}$$

となる．したがって，内部エネルギーは

$$U_m = U_m(0) + \frac{3}{2}RT \tag{7-34}$$

である．ここで，$U_m(0)$は，$T=0$における単原子理想気体1 molの内部エネルギーである．その中身には，電子のもつエネルギーや核のもつエネルギーなどがある．化学で通常扱う1000 K以下の温度範囲において，これらのエネルギーの温度変化は無視することができる．式（7-25）から，25℃における単原子理想気体については

$$U_m - U_m(0) = \frac{3}{2}RT = 3.7\ \mathrm{kJ\ mol^{-1}} \tag{7-35}$$

となる．

次に，多原子分子からなる理想気体を考えよう．分子は，並進のエネルギーの他に回転，振動のエネルギーをもつ．常温付近では振動のエネルギーはあまり重要ではないので，ここでは回転運動についてのみ考えよう．N_2やCO_2のような直線分子については，分子軸に垂直な2軸の周りの回転運動が考えられる．したがって，回転運動の自由度は2である．運動の1自由度あたり$k_BT/2$ずつ分配されるというエネルギー等分配の法則によれば，回転運動に対する内部エネルギーの寄与は$k_BT/2$の2倍でk_BTということになる．したがって，1 molの直線分子理想気体の場合，内部エネルギーは

運動の自由度
運動の自由度とは，運動を記述する変数の数である．一般に，回転運動はx，y，z軸の周りの回転が考えられるので自由度は3だ．一方この節では，原子核の位置が変化するような運動を考えている．直線構造の分子は，その直線（分子軸という）の周りの回転に対して原子核の位置が変化しないので，ここでの議論における運動の自由度に含めない．残りの2つの回転運動を考えることによって，直線分子の回転運動の自由度は2となる．

$$U_m - U_m(0) = \frac{3}{2}RT + RT = \frac{5}{2}RT \tag{7-36}$$

となる．一方，直線形でない分子については，3方向に回転の自由度があるので，1 molの非直線分子理想気体の内部エネルギーは

$$U_m - U_m(0) = \frac{3}{2}RT + \frac{1}{2}RT \times 3 = 3RT \tag{7-37}$$

である．より高温になってくると，振動のエネルギーも考慮に入れる必要が出てくる．

7-5　熱容量

この節のキーワード
熱容量，定積熱容量

系の温度を1 K上昇させるために必要な熱量を**熱容量(heat capacity)**という．熱容量は温度によって変化する．したがって，熱容量Cは微小量で定義する．系の温度をTから$T+\mathrm{d}T$まで上昇させるのに必要な熱量をδqとすると，熱容量をCとして

$$\delta q = C\mathrm{d}T \tag{7-38}$$

である．熱量 q は変化の道筋によって変わる量（状態関数ではない．第8章参照）なので，熱容量も変化の道筋によって変わる量である．通常は体積一定の条件または圧力一定の条件が用いられる．

体積一定の条件における熱容量を**定積熱容量（constant volume heat capacity）**といい，C_V で表す．定積過程では熱量と内部エネルギーの変化が等しいので(熱力学第一法則から導かれる．第8章参照)

$$\mathrm{d}U = \delta q \tag{7-39}$$

であるから

$$\mathrm{d}U = C_\mathrm{V}\mathrm{d}T \tag{7-40}$$

つまり，定積熱容量は次式で与えられる．

$$C_\mathrm{V} = \left(\frac{\partial U}{\partial T}\right)_V \tag{7-41}$$

右辺の V は，体積一定の条件を表している．

定圧熱容量
圧力一定の条件（経路）における熱容量を**定圧熱容量（constant pressure heat capacity）**といい，C_p で表す．第8章で学ぶエンタルピー H を用いて

$$C_\mathrm{p} = \left(\frac{\partial H}{\partial T}\right)_p$$

で与えられる．右辺の p は，圧力一定の条件を表している．理想気体については

$$C_\mathrm{p} = C_\mathrm{V} + nR$$

が成り立つ．

例題 7-5　単原子理想気体の定積モル熱容量を求めよ．

解答　モル熱容量は，1 mol あたりの内部エネルギーを温度で微分したものである．定積モル熱容量を C_Vm とすると

$$C_\mathrm{Vm} = \frac{\mathrm{d}U_\mathrm{m}}{\mathrm{d}T} \tag{7-42}$$

ここに式(7.34)を代入すると

$$C_\mathrm{Vm} = \frac{\mathrm{d}}{\mathrm{d}T}\left(U_\mathrm{m}(0) + \frac{3}{2}RT\right) = \frac{3}{2}R = 12.47\ \mathrm{J\ K^{-1}\ mol^{-1}} \tag{7-43}$$

である．単原子分子気体であるアルゴンの 300 K における定積熱容量は実験から 12.47 J mol^{-1} と求められており，計算値と非常によい一致を示す．

この節のキーワード
実在気体，ファンデルワールスの状態方程式

7-6 実在気体

実際の気体は，厳密には理想気体の法則に従わない．このような気体を**実在気体（real gas）**と呼ぶ．実在気体の性質が理想気体とずれるのは，分子が相互作用するためである．分子間の距離が近いほどその相互作用は大きい．そのため，圧力が高く，体積が小さい(つまり温度が低い)ほど実在気体と理想気体のずれは大きくなる．

理想気体であれば状態方程式に従うので，次の式

$$Z = \frac{pV}{nRT} \tag{7-44}$$

で定義される Z の値は条件によらず一定値 (1) になるはずである (この Z のことを圧縮因子という)．図 7-3 に圧縮因子の圧力依存性を示す．実在気体では，圧縮因子が一定でないことがわかる．圧縮因子が 1 よりも大きな値を示すのは分子そのものの体積の効果が大きいためであり，1 よりも小さな値を示すのは分子間力によって分子どうしが引きつけあう効果が大きいためである．

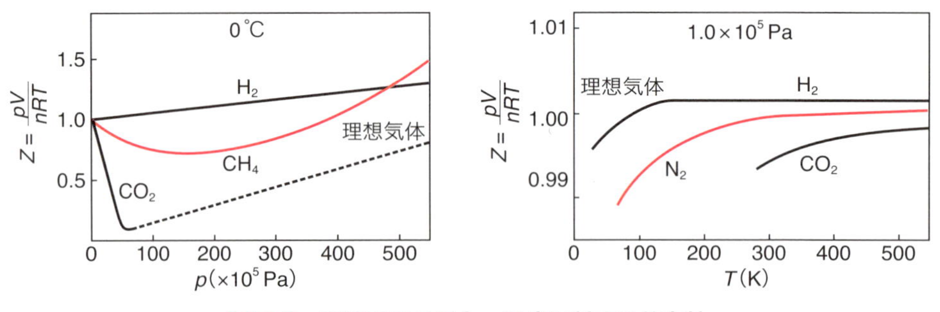

図 7-3 圧縮因子の圧力・温度に対する依存性

実在気体の状態を完全に表すことのできる単純な状態方程式は知られていない．その試みの 1 つにファンデルワールスの状態方程式がある．分子は，非常に近い距離では互いに反発しあう．これを分子の体積と考えて b とおこう．n モルの気体では，分子の体積の総和は nb となる．したがって，理想気体，実在気体の体積をそれぞれ V_i，V とすると

$$V_i = V - nb \tag{7-45}$$

となる．一方，分子の間には互いに引力が働いている．それは，気体を冷やしていくと液体や固体が生成することから明らかである．この引力は分子どうしを近づけるので，分子が壁に衝突して及ぼす力，つまり圧力を減

表 7-1　ファンデルワールス定数

	a (atm dm^6 mol^{-2})	b (10^{-2} dm^3 mol^{-2})
N_2	1.352	3.87
Ar	1.337	3.20
CO_2	3.610	4.29
He	0.0341	2.38
Xe	4.137	5.16

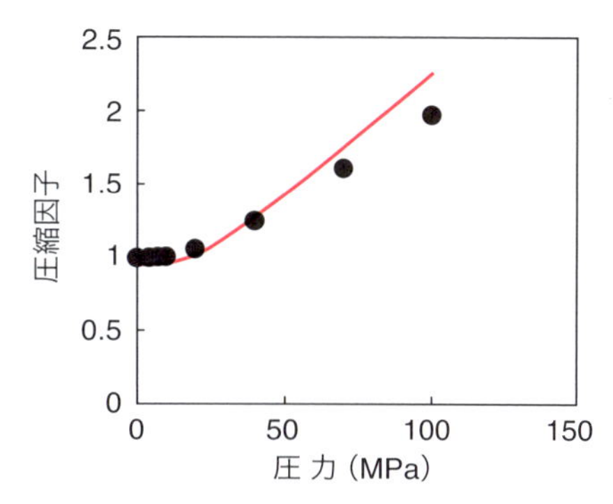

図 7-4　N_2 気体の圧縮因子の圧力依存性
プロットは実測値，線はファンデルワールスの状態方程式から計算した値を示す．

らす．圧力は，分子と壁との衝突の頻度と 1 回あたりの衝突の力の積に依存する．どちらの減少分も分子のモル濃度 n/V に比例すると考える．このとき，理想気体，実在気体の圧力をそれぞれ p_i，p とすると，

$$p_i = p + a\left(\frac{n}{V}\right)^2 \tag{7-46}$$

である．a は比例定数である．理想気体の状態方程式は

$$p_i V_i = nRT \tag{7-47}$$

であるから，実在気体の状態方程式として

$$\left\{p + a\left(\frac{n}{V}\right)^2\right\}(V - nb) = nRT \tag{7-48}$$

が得られる．これを**ファンデルワールスの状態方程式（equation of state of van der Waals）**という．定数 a と b はファンデルワールス定数と呼ばれ，気体によって異なる値となる．表 7-1 にファンデルワールス定数の例を，図 7-4 に N_2 圧縮因子の圧力依存性を示す．ファンデルワールスの状態方程式から計算した圧縮因子と実測値は近い値をとるが，一致はしていないことに注意する必要がある．

章末問題

1　25 ℃における水素分子の根平均 2 乗速度を求めよ．水素分子の分子量は 2 とする．

2 2原子分子の理想気体の定積モル熱容量を求めよ.

3 300 K における水素分子の根平均2乗速度は 100 K における水素分子の根平均2乗速度の何倍か.

4 1 mol の理想気体の 25 ℃における全並進エネルギーを求めよ.

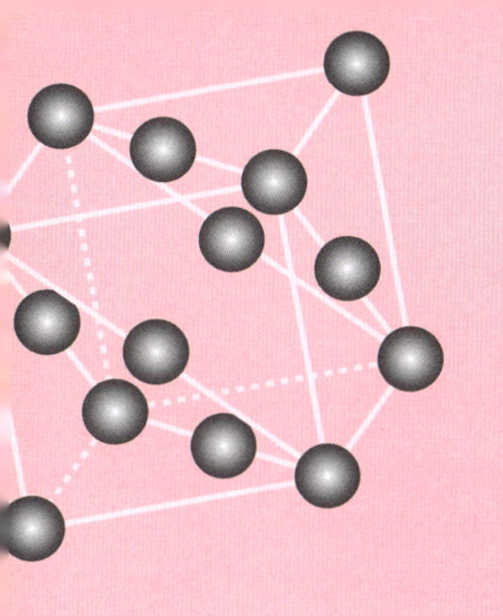

第 8 章 熱化学

Thermochemistry

この章で学ぶこと

系を十分長い時間放置しておくと，最終的には一定の状態に到達する．この状態を**熱平衡状態（thermal equilibrium state）**という〔平衡状態でない場合は**非平衡状態（non-equilibrium state）**と呼ぶ.〕．熱平衡状態においても分子，原子は運動し，ミクロには一定の状態にはないが, 体積, 圧力, 温度などのマクロな物理量は一定値となる．これは，マクロな物体・物質がたくさんの原子・分子からできていることによるものである．このようなマクロな物体の性質を表す物理学の分野に**熱力学（thermodynamics）**がある．第 8 ～ 10 章では，熱力学の基本と，その化学への応用〔**化学熱力学（chemical thermodynamics）**といわれる〕について述べる．熱力学では第 0 法則～第 3 法則を基本法則として認め，それを用いて物質のさまざまな性質を議論する．この章では熱力学第一法則とその応用について考えていく．

8-1　熱力学

この節のキーワード
熱力学，化学熱力学，熱エネルギー

力学で，ニュートンの運動の法則を学んだ．そこでは「物体に力が働かないとき，静止している物体は静止し続け，運動している物体はそのまま等速度運動する」と学んだだろう．しかしわれわれの身の回りには，力なしで運動し続ける物体などはない．自転車に乗っていても，漕がなければ（力を加えなければ）いつか止まってしまう．また，同じく力学で，エネルギー保存則も学んだ．系のエネルギーは保存する，というものだ．しかし，動いていた自転車は止まってしまうのだから，自転車のもつ運動エネルギーはなくなったことになる．このとき，エネルギーは保存していないのだろうか.

実は，エネルギー保存則はこの場合でも成り立っている．動いていた自転車がもっていた運動エネルギーは，タイヤやその軸受，また地面を構成する原子・分子が無秩序に動き回るエネルギーに変化している．このエネルギーを**熱エネルギー（thermal energy）**という．大きな熱エネルギーをもっている物体は，高い温度になる．熱エネルギーを含めて物体のことを考える物理学の分野を**熱力学（thermodynamics）**という．また，熱力学を化学へ応用することを強調する場合，それを**化学熱力学（chemical thermodynamics）**と呼ぶ．多数の原子や分子の運動について記述しているにもかかわらず，熱力学は3つないし4つの法則をもとにして，圧力，体積，温度などの少数のパラメータによって物質の状態を表すことができる．

運動エネルギー
質量 m の物体が速度 v で運動しているとき，運動エネルギーは $\frac{1}{2}mv^2$ である．

8-2 熱力学第一法則

この節のキーワード
熱の仕事当量，熱力学第一法則，エネルギー保存則

熱はエネルギーの一種である．力学においては，エネルギーは仕事と密接な関係がある．では，熱と仕事はどのように関係しているだろうか．これを最初に検証したのがジュールである．図8-1にジュールが用いた実験装置の模式図を示す．質量 m のおもりを h だけ落下させると，$w = mgh$ の仕事が生じる*1．ただし g は重力加速度である．この仕事によって水中の羽根車が回転して水をかき回し，それに伴って水温が上昇する．一方，水温の上がった状態は水に高温の物体を押しあてて熱エネルギーを与えることによっても作り出せる．つまり温度の上昇は，仕事によっても高温物体との接触による熱の移動によっても同じく起こることがわかる．つまり，**この実験で，仕事と熱がともに同じもの（エネルギー）の異なる現れ方であることがわかった**．1 g の水の温度を 1℃あげるのに必要な仕事（熱量）は 4.184 J である．この値を**熱の仕事当量（work equivalent of heat）**と

仕事
力学において，仕事は物体に加えた力と力の向きに物体が動いた距離の積として定義される．止まっている物体に力を加え，ある距離を動かせば物体は速度をもつので，運動エネルギーをもつようになる．摩擦のようなエネルギーの逃げ道がなければ，物体に加えた仕事と運動エネルギーの値は等しい．

*1 重力（力）が mg，動いた距離が h なので仕事は mgh だ．

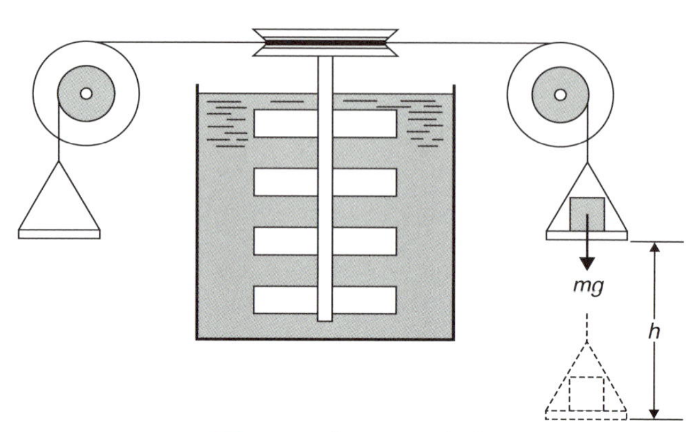

図8-1 ジュールの実験

いう．

ジュールの実験のような仕事や，高温物体との接触によって水の温度が上昇したとする．温度上昇の前後の水の状態は，どちらの場合も同じである．逆に考えれば，ある状態から他の状態に変化するとき，**仕事や熱は，どのような過程（経路）をたどって状態の変化が起こったかによって異なる値をもつ**．

物体の中で分子は無秩序な運動をしている．その運動エネルギーの総和を内部エネルギーという．物体に仕事をしたり，熱を移動させたりすると，その物体の内部エネルギーが増加する．さまざまな実験事実から，次のことがいえることがわかっている．

熱と仕事は同等であり，内部エネルギーの変化量は加えられた仕事と熱の和になる．

これを**熱力学第一法則（the first law of thermodynamics）**という．式で表せば

$$\Delta U = w + q \tag{8-1}$$

である．ただし，系の内部エネルギーを U，系に加えられた仕事，熱をそれぞれ w，q とした．Δ は「デルタ」と読み，変化量であることを示す．ΔU で一つの量である．微小変化量として熱力学第一法則を表すと

$$\mathrm{d}U = \delta w + \delta q \tag{8-2}$$

とかける．この式は，**エネルギー保存則（law of conservation of energy）**を表している．かつて，周期的に動いて燃料を供給することなく仕事が取り出せる機械を作ろうとした人がいた．このような機械を**第一種永久機関（perpetual motion machine of the first kind）**という．第一種永久機関の存在は，熱力学第一法則によって否定される．

Δ, δ, d

Δ は変化量，δ，d は微小変化量を表す．状態 1，2 の内部エネルギーをそれぞれ U_1，U_2 とすると，

$$\Delta U = U_2 - U_1 = \int_1^2 \mathrm{d}U$$

である．

後述するが，d は状態関数の微小変化，δ は状態関数でない量の微小変化を示す．

状態関数でない微小変化量 δw と δq の和が状態関数の微小変化量 $\mathrm{d}U$ になることも熱力学第一法則の重要な内容の 1 つである．

8-3　気体のする仕事

この節のキーワード

気体のする仕事，準静的過程，可逆過程

系と外界の間に力学的仕事のやり取りがある場合を考える．図 8-2 のように，ピストンのついた容器に気体が入っているとする．外からピストンに圧力 p_e を加えて気体を圧縮する．このとき，ピストンにかかる力 F はピストンの面積を S とすると p_eS である．ピストンが微小距離 $\mathrm{d}l$ だけ動いたとき，外力のする微小仕事 δw は

$$\delta w = F\mathrm{d}l = p_eS\mathrm{d}l \tag{8-3}$$

である．$S\mathrm{d}l$ は気体の体積の減少量 $-\mathrm{d}V$ に等しいので

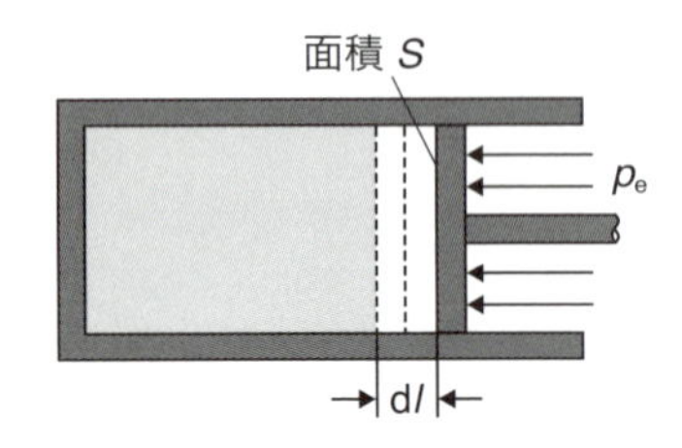

図 8-2 ピストンの中の気体への仕事

$$\delta w = -p_{\mathrm{e}}\mathrm{d}V \tag{8-4}$$

である．仕事の符号は，系の内部エネルギーを増やす方向を正にとる．

式 (8-4) を積分してみよう．体積を V_1 から V_2 まで圧縮する場合を考える．気体の圧縮の仕方によって積分値は異なるが，外圧 p_{e} が一定の場合は簡単だ．

$$w = -\int_{V_1}^{V_2} p_{\mathrm{e}}\mathrm{d}V = -p_{\mathrm{e}}\int_{V_1}^{V_2}\mathrm{d}V = p_{\mathrm{e}}(V_1 - V_2) \tag{8-5}$$

次に，最初に p_1 の圧力で V_1 から V_{int} まで，そのあと p_2 の圧力で V_{int} から V_2 まで圧縮する場合を考える．このとき

$$w' = -\int_{V_1}^{V_2} p_{\mathrm{e}}\mathrm{d}V = -p_1\int_{V_1}^{V_{\mathrm{int}}}\mathrm{d}V - p_2\int_{V_{\mathrm{int}}}^{V_2}\mathrm{d}V = p_1(V_1 - V_{\mathrm{int}}) + p_2(V_{\mathrm{int}} - V_2) \tag{8-6}$$

である．これらの仕事は，図 8-3 の赤色部分の面積に相当する．

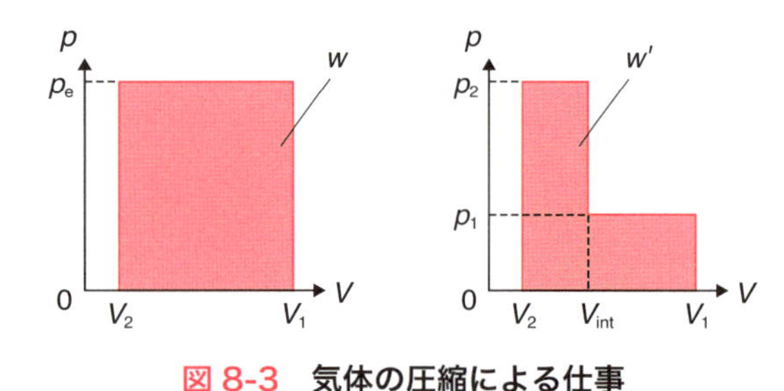

図 8-3 気体の圧縮による仕事

例題 8-1 図 8-2 において，ピストン内に n mol の理想気体が入っているとする．ピストン内の圧力よりもほんの少しだけ高い圧力をかけながらピストンを押し込んでいく．このとき，$(p_1,\ V_1)$ の状態から $(p_2,\ V_2)$ の状態に圧縮するために必要な仕事を求めよ．また，図 8-3 のように図示せよ．

解答 外圧 p_{e} が内圧 p と等しいと考えて式(8-4)を積分する．

$$w = -\int_{V_1}^{V_2} p_{\mathrm{e}}\mathrm{d}V = -\int_{V_1}^{V_2} p\,\mathrm{d}V$$

$$= -\int_{V_1}^{V_2}\frac{nRT}{V}\mathrm{d}V = -nRT\ln\frac{V_2}{V_1} \tag{8-7}$$

例題 8-1 のように，非常にわずかな外力や熱によって系をほぼ熱平衡状態に保ちつつゆっくりと変化させるとき，この変化を**準静的過程（quasi-static process）**という．準静的過程は，逆向きの過程を行って外界に変化を残さずに元通りにすることができる．その意味でこれを**可逆過程（reversible process）**ともいう[*2]．

*2　可逆過程によって気体を圧縮する場合，気体に対してする仕事は最小になる．下図参照．

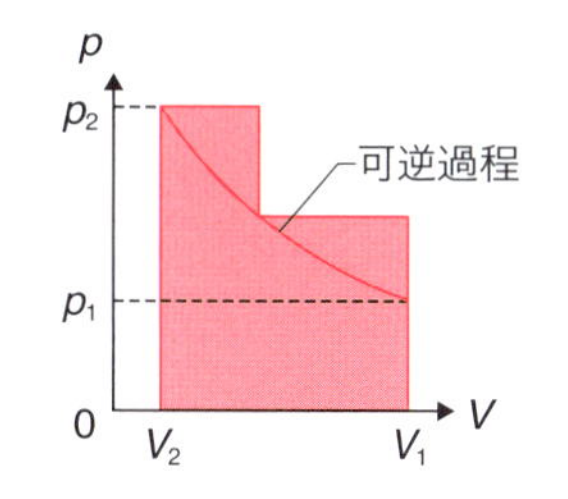

8-4　熱の移動

この節のキーワード
熱の移動

ミクロに見た場合，熱の移動とは分子の無秩序な運動の運動エネルギーが変化することを意味する．温度の違う物体 A と B があり，それが接触して熱平衡状態になる場合，高温の物体から低温の物体にエネルギーが移動して同じ温度になる（図 8-4）．このエネルギーの移動が熱の移動である．

熱や仕事の符号は，系の内部エネルギーを増やす方向を正にとる．

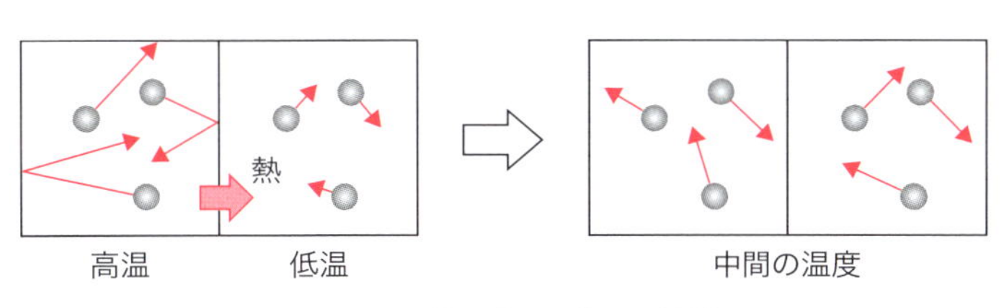

図 8-4　熱エネルギーの移動

8-5　内部エネルギーとエンタルピー

この節のキーワード
熱エネルギー，内部エネルギー，状態関数，エンタルピー

自転車は，漕がなければいつか止まってしまうことについてもう一度考える．自転車が失ったエネルギーは，自転車と地面を構成する原子・分子の無秩序なエネルギーに変化している．このエネルギーを**熱エネルギー（thermal energy）**という．大きな熱エネルギーをもっている物体は，高い温度になる．このように，**温度は物体がもつ熱エネルギーの大きさを示す指標**である．

一方，熱エネルギーは物体の内部にとどまることから，ある物体の中の熱エネルギーの総量を**内部エネルギー（internal energy）**と呼ぶ．内部エネルギーの値は，系がどのようにしてその状態にたどり着いたか〔これを**経路（pathway）**という〕にはよらず，現在の状態のみによって定まる．このような量を**状態関数（state function）**または**状態量（state quantity）**という．熱や仕事は状態関数ではない．たとえば，コップの水をかき回し続けると（つまり仕事を加えると）水は少し温まる．同じ状態を高温物体との接触でも（つまり熱を加えることでも）作ることができる．最初の状態と最後の少し温まった状態は全く同じであるが，途中の経路が異なれば系に加えられた仕事や熱は異なる．このように，最初と最後の状態

内部エネルギーの実体
物体は原子や分子でできている．内部エネルギーの実体は，原子や分子が無秩序に飛び回る運動エネルギー，分子が振動・回転するエネルギーなどの総和である．

だけ決めてもその間に系に加えられた仕事と熱は決められないので，両者は状態関数ではない[*3].

*3 しかしその和である内部エネルギーは状態関数である.

ここで，定積過程，定圧過程における熱の移動 q について熱力学第一法則を用いて考えてみよう．定積過程では，系の体積変化がないので $\mathrm{d}V = 0$ である．したがって，系と外界には仕事 w のやり取りがない．

$$\delta w = -p_{\mathrm{e}}\mathrm{d}V = 0 \tag{8-8}$$

これを熱力学第一法則の式に入れれば

$$\mathrm{d}U = \delta q \tag{8-9}$$

が得られる．

一方，定圧過程では，系の圧力変化がない．

$$\mathrm{d}p = 0 \tag{8-10}$$

このときの仕事について考える．

$$\delta w = -p\,\mathrm{d}V \tag{8-11}$$

$$w = \int_{\mathrm{A}}^{\mathrm{B}} p\,\mathrm{d}V = -p\int_{\mathrm{A}}^{\mathrm{B}}\mathrm{d}V = -p(V_{\mathrm{B}} - V_{\mathrm{A}}) = -p\Delta V \tag{8-12}$$

ただし体積の変化量を ΔV とした．熱力学第一法則から

$$\Delta U = -p\Delta V + q \tag{8-13}$$

したがって

$$q = \Delta U + p\Delta V \tag{8-14}$$

となる．この式は

$$H = U + pV \tag{8-15}$$

とおけば

$$q = \Delta H \tag{8-16}$$

となる．この H のことを，**エンタルピー（enthalpy）**という．つまり，定圧変化において，系に流れ込む熱は系のエンタルピーの増加に等しい．

エンタルピーは，内部エネルギー，圧力，体積を用いて

$$H = U + pV \tag{8-17}$$

で定義される量である．右辺の量がすべて状態関数（状態を決めると決

まる量）なので，**エンタルピーは状態関数である**．エンタルピーの変化は，定圧で系に熱として供給されたエネルギーに等しい．

$$\delta q = \mathrm{d}H \text{（定圧過程）} \tag{8-18}$$

実験を行うとき，系の体積を一定に保つよりも系の圧力を一定にする方が容易である．そこで，さまざまな変化におけるエンタルピー変化についての膨大なデータが作られている．

8-6　定圧熱容量

この節のキーワード
定圧熱容量

7-5 節で示したように，系の温度を 1 K 上昇させるために必要な熱量を熱容量という．熱容量を C とすると，温度 T から $T + \mathrm{d}T$ まで温度を上昇させるのに必要な熱量を δq とすると

$$\delta q = C\mathrm{d}T \tag{8-19}$$

である．圧力一定の条件における熱容量を**定圧熱容量（constant pressure heat capacity）**といい，C_p で表す．式(8-18)から

$$\mathrm{d}H = C_\mathrm{p}\mathrm{d}T \tag{8-20}$$

である．つまり，定圧熱容量は次式で与えられる[*4]．

$$C_\mathrm{p} = \left(\frac{\partial H}{\partial T}\right)_p \tag{8-21}$$

*4　7-5 節の定圧熱容量

$$C_\mathrm{V} = \left(\frac{\partial U}{\partial T}\right)_V$$

との違いを確かめておこう．

8-7　相変化に伴うエンタルピー変化

この節のキーワード
相，相変化，標準状態，標準エンタルピー変化

液体の水を冷却すると固体の氷となり，加熱すると気体の水蒸気となる．これらの状態をそれぞれ液相，固相，気相という．**相（phase）**は，系内でマクロな性質が一様な部分を指す．図 8-5 に，水と CO_2 の相図を示す．1 気圧（0.1013 MPa）の低温の氷（A）を加熱して温度を上昇させると融点の 0℃（273.15 K）で水となり（B），さらに加熱すると沸点の 100℃（373.15 K）で水蒸気（気体）になる（D）．一方，CO_2 の場合は 1 気圧では安定な液

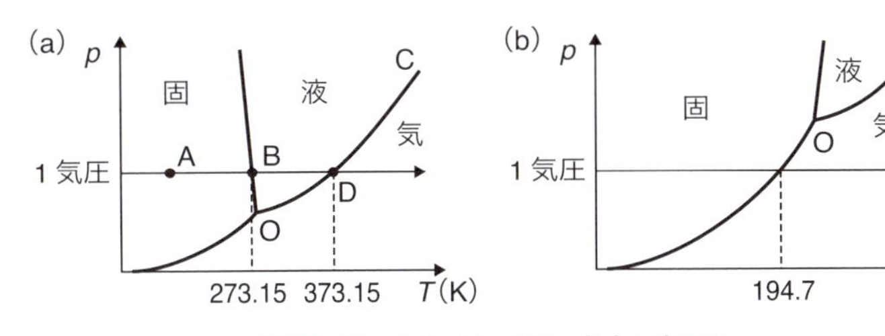

図 8-5　水(a)と CO_2 (b)の相図

相はない．固相の CO_2（ドライアイス）を温めると気体の CO_2 が昇華する．これらの変化を相変化と呼ぶ．

融点，沸点における相変化の間，物質の温度は一定に保たれる．相変化の間に系に加えられたエネルギー（熱）は，相変化に使われる．定圧過程においては，系に加えられたエネルギーは系のエンタルピー変化に等しい．融解，蒸発によるエンタルピー変化をそれぞれ融解エンタルピー，蒸発エンタルピーという．

融解，蒸発エンタルピーは，温度，圧力によって異なる値をとる．そこで熱力学では，**標準状態（standard condition）**というものを定めて，その状態におけるエンタルピーの値を実験的に求めておき，任意の温度，圧力における値はそこから計算して求める，という手続きを取る．**標準状態の圧力としては，1 bar をとる**．温度については別途指定する必要がある．（後で学ぶ）化学反応についてもエンタルピー変化を考えるが，その際は標準状態の温度として 25 ℃（298.15 K）が通常は用いられる．標準状態におけるエンタルピー変化を**標準エンタルピー変化（standard enthalpy change）**といい，記号 $\Delta H^{\ominus}$ で表す．

bar（バール）という単位
$1\ \text{bar} = 0.9869\ \text{atm} = 10^5\ \text{Pa}$
つまり，1 bar は 1 気圧に近い SI 単位である．

100 ℃で沸騰する水の標準蒸発エンタルピーは，1 bar の圧力のもとで，100 ℃の純粋な水が沸騰する際に吸収する熱量（エンタルピー変化）である．これを次のように書く[*5]．

$$H_2O(l) \rightarrow H_2O(g) \quad \Delta_{vap}H^{\ominus}(373\ \text{K}) = +40.66\ \text{kJ mol}^{-1} \qquad (8\text{-}22)$$

*5　蒸発を英語で vaporization という．そこで，蒸発に伴う熱力学量の変化を Δ_{vap} で表す．

吸熱過程の場合にエンタルピー変化が正になることを確認しよう．同様に，0℃における標準融解エンタルピーは

$$H_2O(s) \rightarrow H_2O(l) \quad \Delta_{fus}H^{\ominus}(273\ \text{K}) = +6.01\ \text{kJ mol}^{-1} \qquad (8\text{-}23)$$

である．

例題 8-2　5.5 ℃におけるベンゼンの融解エンタルピーは 10.6 kJ mol^{-1} である．これを式(8-22)のように表せ．

解答

$$\text{ベンゼン}(s) \rightarrow \text{ベンゼン}(l) \quad \Delta_{fus}H^{\ominus}(5.5\ ℃) = +10.6\ \text{kJ mol}^{-1}$$

8-8 反応エンタルピー

この節のキーワード
反応エンタルピー，標準反応エンタルピー

エンタルピーは，系の内部エネルギーに pV を加えたものである（式8-15）．また，圧力，温度などの状態や液体，固体などの相によって変化する量である．

相変化において，温度，圧力が同じでもエンタルピー変化があるのはなぜだろうか．氷の融解を例にとれば，水分子どうしの強い結合が解放され，系の中の分子の運動エネルギーが増加する．この結果，内部エネルギーが増加してエンタルピーの増加につながる[*6, *7]．このように，系の内部での分子，原子の結合の仕方によって系のエンタルピーは変化する．したがって，ある化合物から化学反応によって異なる化合物が生成するとき，結合の組み換えから内部エネルギーが変化し，エンタルピーの変化が生じることになる．化学反応に伴うエンタルピー変化を**反応エンタルピー（reaction enthalpy）**といい，記号 $\Delta_r H$ で表す[*8]．反応している系のエンタルピー変化を表しているので，発熱反応の場合は $\Delta_r H < 0$ であり，吸熱反応の場合は $\Delta_r H > 0$ である．

反応エンタルピーは温度や圧力によって変化する．また，反応エンタルピーは反応物（あるいは生成物）の量に比例する．そこで，標準状態（圧力 1 bar）のエンタルピーが実験により求められている．標準状態において，注目する物質が 1 mol 関与するときの反応エンタルピーを**標準反応エンタルピー（standard reaction enthalpy）**といい，$\Delta_r H^\ominus$ で表す．温度としては，通常は 25 ℃（298.15 K）の値が用いられる．たとえばメタンの燃焼反応については次のようになる．

$$\mathrm{CH_4(g) + 2O_2(g) \rightarrow CO_2(g) + 2H_2O(l)}$$
$$\Delta_r H^\ominus(298\,\mathrm{K}) = -890\,\mathrm{kJ\,mol^{-1}} \qquad (8\text{-}24)$$

高校で用いていた熱化学方程式とは，反応熱の正負が逆になることに気をつけよう．

*6 熱力学の理論体系においては，エンタルピーが変化する分子論的な理由は考えない．ここでの議論は筆者の個人的理解である．

*7 もちろん体積変化による pV の変化も加わっている．

*8 反応を英語で reaction というので，反応による熱力学量の変化を Δ_r で表している．

8-9 ヘスの法則

この節のキーワード
ヘスの法則

いくつかの反応の標準反応エンタルピーを用いて，別の反応エンタルピーを求めることができる．エンタルピーは状態関数なので，系の状態を決めれば値が決まる．したがって，**反応が何段階かに分割できるとき，全体の反応エンタルピーは個々の反応の反応エンタルピーの総和となる**．これを**ヘスの法則（Hess's law）**という．

実例で考えよう．プロピレン（プロペン）の水素化反応，プロパンの燃焼反応，水素の燃焼反応の標準反応エンタルピーがわかっているとき，プロピレンの燃焼反応のエンタルピーを求めることができる．温度は 298 K であるとする．わかっている反応エンタルピーを式で書く．

$$CH_2{=}CHCH_3\,(g) + H_2\,(g) \rightarrow CH_3CH_2CH_3\,(g)$$
$$\Delta_r H^{\ominus} = -124\ \mathrm{kJ\ mol^{-1}}$$
$$CH_3CH_2CH_3\,(g) + 5O_2\,(g) \rightarrow 3CO_2 + 4H_2O\,(l)$$
$$\Delta_r H^{\ominus} = -2220\ \mathrm{kJ\ mol^{-1}}$$
$$H_2\,(g) + \frac{1}{2}O_2\,(g) \rightarrow H_2O\,(l)$$
$$\Delta_r H^{\ominus} = -286\ \mathrm{kJ\ mol^{-1}} \qquad (8\text{-}25)$$

上の二つの式を足して，下の式を引けば

$$CH_2{=}CHCH_3\,(g) + \frac{9}{2}O_2\,(g) \rightarrow 3CO_2 + 3H_2O\,(l) \qquad (8\text{-}26)$$

という式ができる．ヘスの法則から，この反応の標準反応エンタルピーは

$$\Delta_r H^{\ominus} = -124 + (-2220) - (-286)\ \mathrm{kJ\ mol^{-1}} = -2058\ \mathrm{kJ\ mol^{-1}} \qquad (8\text{-}27)$$

と求めることができる．$\Delta_r H^{\ominus}$ が負なので，この反応は発熱反応であることがわかる．

この節のキーワード
標準生成エンタルピー

8-10 標準生成エンタルピー

無数にある化学反応の反応エンタルピーをすべて求めて表にすることはできない．前節のようにヘスの法則を利用して求めることになる．そのため，以下に述べる標準生成エンタルピーというものを考えてデータを整理する．

標準生成エンタルピー（standard formation enthalpy） $\Delta_f H^{\ominus}$ は，ある化合物を標準状態にある構成元素単体から生成する反応の標準反応エンタルピーである（表 8-1，8-2）．標準状態の圧力は 1 bar であり，通常は温度を 298 K にとる．元素単体としては，標準状態で最も安定なものをとる．たとえば窒素であれば気体の N_2 分子であり，炭素であれば固体のグラファイトである（リンは例外的に黄リンを用いる）．ベンゼンの標準生成エンタルピーは

$$6C\,(\text{グラファイト}) + 3H_2\,(g) \rightarrow C_6H_6\,(l) \qquad (8\text{-}28)$$

の反応に対するものであり，+49.0 kJ mol^{-1} である．定義から，標準状態で最安定の元素単体の標準生成エンタルピーは 0 kJ mol^{-1} である．膨大な種類の化合物の標準生成エンタルピーが求められている．

表 8-1 無機物の標準生成エンタルピー（298 K，1 bar）

物 質	$\Delta H_f^\ominus$(kJ mol^{-1})	物 質	$\Delta H_f^\ominus$(kJ mol^{-1})
AgCl（s）	−127.07	HF（g）	−271.1
C（s，ダイヤモンド）	1.895	H_2O（l）	−285.83
C（g）	716.68	H_2O（g）	−241.82
CO（g）	−110.53	N（g）	472.70
CO_2（g）	−393.51	NH_3（g）	−46.11
Cl（g）	121.68	NO（g）	90.25
F（g）	78.99	NO_2（g）	33.18
H（g）	217.97	O（g）	249.17
HCl（g）	−92.31		

表 8-2 有機化合物の標準生成エンタルピー（298 K，1 bar）

物 質	$\Delta H_f^\ominus$(kJ mol^{-1})
メタン CH_4 (g)	−74.81
エタン C_2H_6 (g)	−84.68
プロパン C_3H_8 (g)	−103.85
ブタン C_4H_{10} (g)	−126.15
エチレン C_2H_4 (g)	52.26
cis-2-ブテン $H_3CCH{=}CCH_3H$ (g)	−6.99
trans-2-ブテン $H_3CCH{=}CHCH_3$ (g)	−11.17
アセチレン C_2H_2 (g)	226.73
ベンゼン C_6H_6 (l)	49.0
シクロヘキサン C_6H_{12} (l)	−156.0
メタノール CH_3OH (l)	−238.66
エタノール C_2H_5OH (l)	−277.69
ホルムアルデヒド HCHO (g)	−108.57
アセトアルデヒド CH_3CHO (l)	−192.30
ギ酸 HCHO (l)	−424.72
酢酸 CH_3COOH (l)	−484.5
アセトン$(CH_3)_2CO$ (l)	−248.1

例題 8-3 表 8-2 の標準生成エンタルピーを用いてエチレンの水素化反応の標準反応エンタルピーを求めよ．

解答 エチレンの水素化反応によってエタンが生じる．その反応式は

$$CH_2{=}CH_2\,(g) + H_2\,(g) \rightarrow CH_3CH_3\,(g)$$

表 8-2 から，エチレンとエタンの標準生成エンタルピーは，それぞれ 52.26，−84.68 kJ mol^{-1} である．これを式で書くと

$$2C(s) + 2H_2(g) \rightarrow CH_2{=}CH_2(g)$$
$$\Delta_r H^{\ominus} = 52.26\ \mathrm{kJ\ mol^{-1}} \quad (8\text{-}29)$$
$$2C(s) + 3H_2(g) \rightarrow CH_3CH_3(g)$$
$$\Delta_r H^{\ominus} = -84.68\ \mathrm{kJ\ mol^{-1}} \quad (8\text{-}30)$$

(8-30) − (8-29)から

$$CH_2{=}CH_2(g) + H_2(g) \rightarrow CH_3CH_3(g)$$
$$\Delta_r H^{\ominus} = -84.68 - 52.26\ \mathrm{kJ\ mol^{-1}} = -136.94\ \mathrm{kJ\ mol^{-1}}$$

となる．したがって，標準反応エンタルピーは $-136.94\ \mathrm{kJ\ mol^{-1}}$ と求められる．

章末問題

1 図 8-1 において，$m = 10\ \mathrm{kg}$，$h = 1\ \mathrm{m}$，水の量を 1 kg とする．力学的エネルギーがすべて水の温度上昇に使われたと仮定して，水の温度がどれだけ上昇するかを求めよ．ただし，重力加速度を $9.8\ \mathrm{m\ s^{-2}}$，水の比熱容量を $4.18\ \mathrm{J\ g^{-1}\ K^{-1}}$ とする．

2 図 8-2 において，ピストン内に 1 mol の理想気体が入っているとする．ピストン内の圧力よりもほんの少しだけ低い圧力をかけながら (p_1, V_1) の状態から (p_2, V_2) の状態に膨張させるとき，気体のされる仕事を求めよ．実際には気体は外界に対して仕事をするので，この問題の答えは負の値になることに注意せよ．

3 ベンゼンを水素化してシクロヘキサンを生成する反応の標準反応エンタルピーを求めよ．

4 100 pL の水滴 2 つが相対速度 $10\ \mathrm{m\ s^{-1}}$ で衝突して 1 つの水滴になるとき，温度はどれくらい上がるか．水の比熱容量を $4.18\ \mathrm{J\ K^{-1}\ g^{-1}}$ として考えよ．

5 300 K，5 atm の理想気体 1 mol を定温で膨張させ，圧力を 1 atm とした．
(1) 準静的膨張，(2) 外圧を 1 atm に保って急激に膨張させる場合，のそれぞれについて，気体が外界にする仕事および外界から吸収する熱量を求めよ．ただし，理想気体の内部エネルギーは温度が一定なら体積や圧力にはよらないものとする．

6 ファンデルワールスの状態方程式に従う気体 1 mol を定温で V_1 から V_2 まで準静的に膨張させた．気体が外界にする仕事を求め，結果を理想気体の場合と比べて検討せよ．

7 水の 100 ℃, 1 atm における蒸発エンタルピーは 6.01 kJ mol^{-1} である．100 ℃における水，水蒸気のモル体積をそれぞれ 0.0180，30.6 L mol^{-1} とすると，100 ℃における水の蒸発に伴う内部エネルギーの変化はいくらか．

8 アセチレン 3 分子からベンゼンを生成する反応があったとする．この反応によってベンゼンを 1 mol 生成するときの 298 K における標準反応エンタルピーはいくらか．有効数字 2 桁で求めよ．また，この反応は発熱反応か吸熱反応か．ただし，アセチレン，ベンゼンの 298 K における標準生成エンタルピーはそれぞれ 226，49 kJ mol^{-1} である．

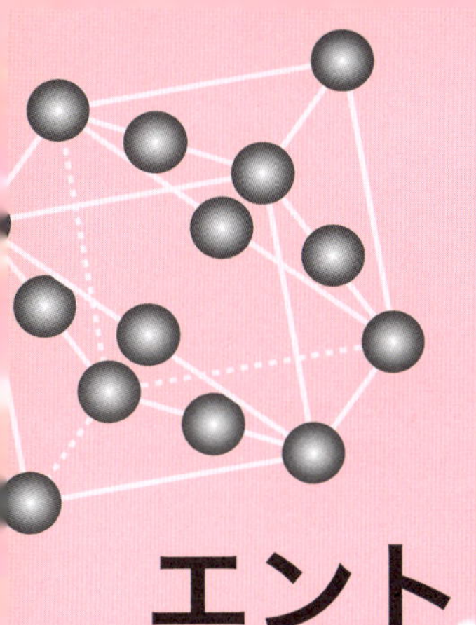

第9章 エントロピーと自由エネルギー

Entropy and Free Energy

この章で学ぶこと

この世界の自発的な変化は方向が定まっている．熱いお茶はしばらくすれば周囲の温度まで冷める．紅茶に砂糖を入れれば溶ける．気体を真空容器に入れれば容器いっぱいに広がる．これらの変化は，特に外部から仕事をしなくても自発的に起こる．逆過程（たとえばお茶から砂糖をとりだすなど）を実現するためには，系に外部から仕事や熱などのエネルギーを加える必要がある（自発的な変化の方向は，実はわれわれの時間の進み方を決めているのかもしれない！）．この章では，系の自発変化の方向を記述する熱力学第二法則について述べる．新しい状態関数であるエントロピーを定義し，自発変化の方向との関連を議論する．エントロピーと内部エネルギー（つまり熱力学の第一，第二法則）を統合する形で自由エネルギーを考え，いろいろな熱力学的過程を考察する．

9-1 熱力学第二法則

この節のキーワード
熱力学第二法則，エントロピー

世の中の**自発的な変化の方向を記述するのが熱力学第二法則だ**．この法則も，熱力学第一法則と同様に，さまざまな実験事実から導かれた法則であり，法則に反する現象が今日まで見出されないことから「正しい」とされている．熱力学の枠組みの中では，いずれ学ぶ第三法則とともに，「証明なしに受け入れる」性質のものである．

熱力学第二法則にはいくつかの表現がある（しかも教科書によって微妙に異なる）が，これらは同値な命題であることが証明できる．以下に紹介する．

◆クラウジウスの原理◆

低温の物体から熱をとり，それを高温の物体に移す以外に何の変化も残さないようにすることはできない．

◆トムソンの原理(ケルビンの原理ともいう)◆

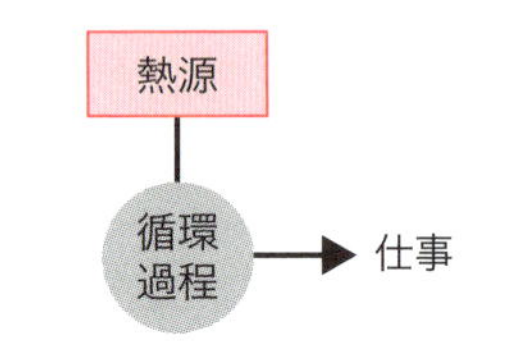

図 9-1 トムソンの原理が否定するもの

循環過程により，一つの熱源から熱をとり，それを完全に仕事に変えることは不可能である(図 9-1)．

一つの熱源から熱をとり，それを完全に仕事に変える循環過程を**第二種永久機関 (perpetual motion machine of the second kind)** というので，トムソンの原理は次のようにいい換えることができる．

◆オストワルドの原理◆

第二種永久機関は存在しない．

第二種永久機関は存在すればすばらしい．莫大な熱源である海や空から仕事を取り出し続けることができるのだから．一方，9-3 節で述べるエントロピーを使って熱力学第二法則を表現すると次のようになる．

断熱系(孤立系)のエントロピーは自発変化に伴って増加する．

この節のキーワード
熱機関，循環過程

9-2 熱力学第二法則の内容

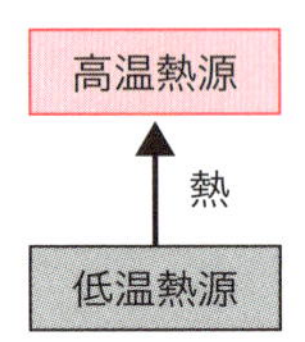

図 9-2 クラウジウスの原理が否定するもの

クラウジウスの原理を図示すると図 9-2 のようになる．高温から低温への熱の移動は自発的に起こるが，逆は**何の変化も残さずに**起こすことはできない．変化を残してよければ低温の物体から高温の物体へ熱を移すことはできる．冷蔵庫，クーラーは外部から仕事をする（つまり外部に変化が残る）ことによって低熱源から高熱源への熱の移動を実現している．

トムソンの原理によれば，熱機関には必ず高熱源と低熱源が必要で，高熱源からの熱 q_1 の一部が仕事 w として使われ，残りの熱 q_2 は低熱源へと放出される（図 9-3）．熱機関の効率は常に 1 より小さくなる．トムソンの原理の，「循環過程により」は必要不可欠な要素である．循環過程でなくてよいなら，1 つの熱源からの熱を仕事に変えることができる．理想気体を熱源に接触させて膨張させるとき，熱源から供給された熱が仕事に変わっている．ただし同じ気体にもう一度仕事をさせようとするならば，気体を冷やして収縮させ，元に戻す過程で低熱源を必ず必要とする．

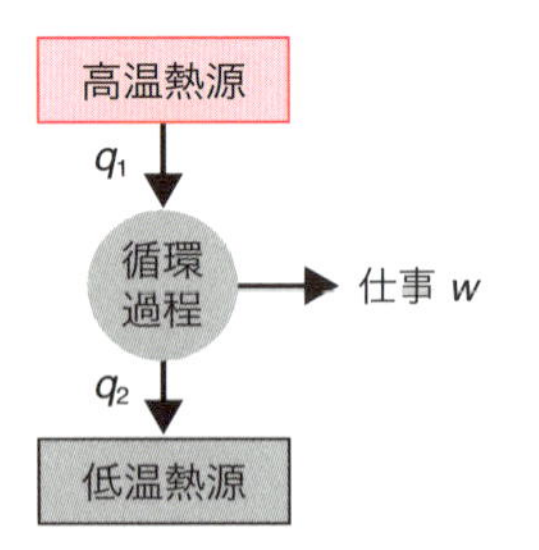

図 9-3 存在できる熱機関

9-3　熱機関とエントロピー

この節のキーワード
エントロピー，エントロピー増大の法則

高熱源から熱エネルギーを受け取り，仕事をして低熱源に熱を受け渡すものを熱機関という．ここで，エンジンのように同じサイクルを繰り返す熱機関を考える．つまり，あるサイクルを実行すると熱機関は元に戻る．高熱源から温度 T_1 で熱エネルギー q_1 を受けとり，低熱源に温度 T_2 で熱エネルギー $-q_2$ を渡す（$q_2 < 0$ とする）とき，サイクルが十分にゆっくりであれば(可逆過程という)

$$\frac{q_1}{T_1} + \frac{q_2}{T_2} = 0 \tag{9-1}$$

が成り立つ．一般に，系の変化がゆっくりであれば，温度 T の系に可逆過程によって微小な熱 $\delta q_{\text{可逆}}$ が加わるとき，$\dfrac{\delta q_{\text{可逆}}}{T}$ は**経路によらず**一定値を示す．つまり，$\dfrac{\delta q_{\text{可逆}}}{T}$ は状態関数である．この値を**エントロピー(entropy)**という．エントロピーを S で表すと，

$$\mathrm{d}S = \frac{\delta q_{\text{可逆}}}{T} \tag{9-2}$$

である．

可逆過程
サイクルが熱平衡を保ちながら変化する過程を考える．このような過程は反対向きにも起こりうるので，可逆過程といわれる．熱力学の教科書に見られる「準静的過程」も同様の意味だ．

例題 9-1　エントロピーの単位は何か．

解答　$\mathrm{J\,K^{-1}}$ である．エントロピーは示量性の物理量（物質の量に比例する量）であるから，物質の性質としてエントロピーを示すときには $\mathrm{J\,K^{-1}\,mol^{-1}}$ である．

以下で，熱力学第二法則を用いて断熱変化においてはエントロピーが増えることを示そう．熱機関が状態 A から B まで可逆的に変化し，B から A に可逆的に戻るとき，式(9-1)は

$$\int_{\mathrm{A}}^{\mathrm{B}} \frac{\delta q_{\text{可逆}}}{T} + \int_{\mathrm{B}}^{\mathrm{A}} \frac{\delta q_{\text{可逆}}}{T} = 0 \tag{9-3}$$

と書くことができる．ここで，クラウジウスの原理を用いると，一般の(可逆的でない)過程について

$$\int_{\mathrm{A}}^{\mathrm{B}} \frac{\delta q}{T} + \int_{\mathrm{B}}^{\mathrm{A}} \frac{\delta q}{T} \leqq 0 \tag{9-4}$$

*1 原田義也,『化学熱力学』, 裳華房（2012）などを参照.

であることが証明できる（証明は省略する[*1]）. 式 (9-4) で, B から A の過程だけ可逆過程でもよいので

$$\int_{A}^{B} \frac{\delta q}{T} + \int_{B}^{A} \frac{\delta q_{\text{可逆}}}{T} \leqq 0 \tag{9-5}$$

が成り立つ. これと式(9-3)から

$$\int_{A}^{B} \frac{\delta q_{\text{可逆}}}{T} \geqq \int_{A}^{B} \frac{\delta q}{T} \tag{9-6}$$

$\mathrm{d}S = \dfrac{\delta q_{\text{可逆}}}{T}$ を思い出すと, 式(9-6)は

$$\int_{A}^{B} \mathrm{d}S \geqq \int_{A}^{B} \frac{\delta q}{T} \tag{9-7}$$

となり

$$\Delta S\,(\mathrm{A} \to \mathrm{B}) \geqq \int_{A}^{B} \frac{\delta q}{T} \tag{9-8}$$

が得られる.

ここで, 断熱変化($\delta q = 0$)を考えよう. このとき, 式(9-8)から

$$\Delta S\,(\text{断熱変化}) \geqq 0 \tag{9-9}$$

となる. これは, 熱力学第二法則のエントロピーによる表現「**断熱系(孤立系)のエントロピーは自発変化に伴って増加する**」を表している. これを**エントロピー増大の法則 (law of entropy enhancement)** という. 宇宙は孤立系なので, その変化に際してエントロピーが増加する.

この節のキーワード
エントロピー, 可逆過程

9-4 エントロピーの計算

エントロピーは状態関数であるから, その値(の変化)を定量的に計算することができる. 化学への応用では, 具体的な値の計算が重要である. その際に以下のことに注意する必要がある（絶対値の計算には, 後述の熱力学第三法則を必要とする. ここでは系の状態の変化に対応するエントロピーの変化量を求める).

(a) エントロピーの差 ΔS は 2 つの熱平衡状態の間で求める.
(b) エントロピーは 2 つの熱平衡状態を**可逆的に移るときの熱の出入りから求める**.

(b) が特に重要である. エントロピーは状態量なのだから, 任意の状態

を決めればその差を求めることができる．しかし，不可逆過程における熱の出入りからは求めることができない．**実際の変化が不可逆的であっても，エントロピーは2つの状態の可逆的変化を（机上で勝手にでよいから）見出して計算する**．いくつかの計算例を見ていこう．

9-4-1　理想気体の等温膨張

温度 T の熱源に接触させて，理想気体の体積を等温で V_1 から V_2 まで膨張させるときのエントロピー変化を計算しよう（図9-4）．エントロピーの計算においては可逆変化を考えるので，気体の温度はずっと温度 T である．したがって，エントロピー変化は

$$\int_1^2 \mathrm{d}S = \int_1^2 \frac{\delta q_{\mathrm{rev}}}{T} \tag{9-10}$$

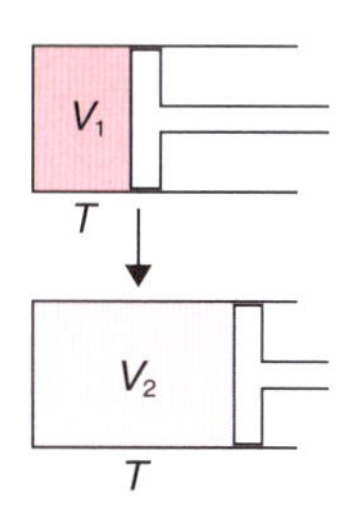

図 9-4　理想気体の体積を等温で V_1 から V_2 まで膨張させる

となる．気体の圧力を p とすると，体積が $\mathrm{d}V$ 増えたときに気体のする仕事は $p\mathrm{d}V$（された仕事は $-p\mathrm{d}V$）なので，熱力学第一法則から

$$\mathrm{d}U = \delta q_{\mathrm{rev}} - p\mathrm{d}V \tag{9-11}$$

である．等温過程を考えているので，理想気体においては

$$\mathrm{d}U = 0 \tag{9-12}$$

である．したがって，

$$\delta q_{\mathrm{rev}} = p\mathrm{d}V \tag{9-13}$$

である．これをエントロピーの式(9-10)に代入すると

$$\int_1^2 \mathrm{d}S = \int_1^2 \frac{p}{T}\mathrm{dV} = \int_1^2 \frac{nR}{V}\mathrm{dV} = nR\ln\frac{V_2}{V_1} \tag{9-14}$$

となる．

このとき，外界のエントロピー変化を考えよう．外界から系に移動する熱は $-\delta q_{\mathrm{rev}}$ なので，外界のエントロピー変化は $-nR\ln\dfrac{V_2}{V_1}$ である．したがって系全体のエントロピー変化は0である．

9-4-2　相変化

相の変化によるエントロピーの変化を考えよう．一定圧力での相変化，たとえば水の沸騰を考えると，沸点（100℃）で熱を加えていくことによって沸騰が進行する．このときに系に加えられる熱は，沸点（T_{b}）における蒸発エンタルピー $\Delta_{\mathrm{vap}}H$ に等しい．したがって，エントロピー変化は

$$\int_1^2 \mathrm{d}S = \int_1^2 \frac{\delta q_{\mathrm{rev}}}{T} = \frac{\Delta_{\mathrm{vap}}H}{T_{\mathrm{b}}} \tag{9-15}$$

となる．水の 100 ℃における標準蒸発エンタルピーは 40.656 kJ $\mathrm{mol^{-1}}$ である．これを用いてエントロピー変化を求めると，

$$\Delta S = \frac{40.656 \times 10^3\ \mathrm{J\ mol^{-1}}}{373.15\ \mathrm{K}} = 109.1\ \mathrm{J\ K^{-1}\ mol^{-1}} \tag{9-16}$$

となる．

例題 9-2　0 ℃の氷の融解によるエントロピー変化を求めよ．水の標準融解エンタルピーは 6.008 kJ $\mathrm{mol^{-1}}$ である．

解答　水の融点において熱を加えていくことによって融解が進行する．このときに系に加えられる熱は，標準融解エンタルピー（$\Delta_{\mathrm{fus}}H$）6.008 kJ $\mathrm{mol^{-1}}$ である．したがって，エントロピー変化は

$$\frac{\Delta_{\mathrm{fus}}H}{T_{\mathrm{m}}} = \frac{6.008 \times 10^3\ \mathrm{J\ mol^{-1}}}{273.15\ \mathrm{K}} = 22.0\ \mathrm{J\ K^{-1}\ mol^{-1}} \tag{9-17}$$

となる．

9-4-3　温度変化

定圧で外界から熱を加えて系の温度を上げる場合のエントロピー変化を考える．このとき

$$\delta q_{\mathrm{rev}} = \mathrm{d}H = C_{\mathrm{p}}\mathrm{d}T \tag{9-18}$$

である．したがって

$$\mathrm{d}S = \frac{C_{\mathrm{p}}}{T}\mathrm{dT} \tag{9-19}$$

となる．状態 1 から 2 に変化する際のエントロピー変化は

$$\Delta S = \int_1^2 \mathrm{d}S = \int_1^2 \frac{\delta q_{\mathrm{rev}}}{T} = \int_1^2 \frac{C_{\mathrm{p}}}{T}\mathrm{d}T \tag{9-20}$$

で求められる．C_{p} が温度に依存しないときは

$$\Delta S = C_{\mathrm{p}}\int_{1}^{2}\frac{\mathrm{d}T}{T} = C_{\mathrm{p}}\ln\frac{T_2}{T_1} \tag{9-21}$$

となる．

例題 9-3　1 mol の水を 0 ℃から 100 ℃に加熱したときのエントロピー変化を求めよ．ただし，この温度範囲での水の定圧比熱容量を 4.2 $\mathrm{J K^{-1} g^{-1}}$ とする．

解答　まず，定圧熱容量をモルあたりのものに換算する．

$$4.2\,\mathrm{J\,K^{-1}\,g^{-1}} \times 18\,\mathrm{g\,mol^{-1}} = 75.6\,\mathrm{J\,K^{-1}\,mol^{-1}} \tag{9-22}$$

式(9-21)を用いると

$$\Delta S = C_{\mathrm{p}}\ln\frac{T_2}{T_1} = 75.6\,\mathrm{J\,K^{-1}\,mol^{-1}} \times \ln\frac{373.15}{273.15} = 23.6\,\mathrm{J\,K^{-1}\,mol^{-1}} \tag{9-23}$$

となる．1 mol の水に対しては

$$\Delta S = 23.6\,\mathrm{J\,K^{-1}\,mol^{-1}} \times 1\,\mathrm{mol} = 23.6\,\mathrm{J\,K^{-1}} \tag{9-24}$$

である．

9-4-4　相変化を含む温度変化

0 K の氷を 400 K になるまで加熱することを考える．このとき，273.15 K で水に，373.15 K で水蒸気になり，さらに加熱されて 400 K の水蒸気になるはずである．このときのエントロピーの変化は

$$S(400) - S(0) = \int_{0}^{273.15}\frac{C_{\mathrm{p}}(\text{氷})}{T}\mathrm{d}T + \frac{\Delta_{\mathrm{fus}}H}{273.15} + \int_{273.15}^{373.15}\frac{C_{\mathrm{p}}(\text{水})}{T}\mathrm{d}T + \frac{\Delta_{\mathrm{vap}}H}{373.15} + \int_{373.15}^{400}\frac{C_{\mathrm{p}}(\text{水蒸気})}{T}\mathrm{d}T \tag{9-25}$$

となる．一般の物質で成り立つ式に書き変えれば

$$S(T) - S(0) = \int_{0}^{T_{\mathrm{m}}}\frac{C_{\mathrm{p}}(\mathrm{s})}{T}\mathrm{d}T + \frac{\Delta_{\mathrm{fus}}H}{T_{\mathrm{m}}} + \int_{T_{\mathrm{m}}}^{T_{\mathrm{b}}}\frac{C_{\mathrm{p}}(\mathrm{l})}{T}\mathrm{d}T + \frac{\Delta_{\mathrm{vap}}H}{T_{\mathrm{b}}} + \int_{\mathrm{Tb}}^{\mathrm{T}}\frac{C_{\mathrm{p}}(\mathrm{g})}{T}\mathrm{d}T \tag{9-26}$$

である．熱容量，融解エンタルピー，蒸発エンタルピーは測定可能なので，エントロピーを温度の関数として求めることができそうである．

この節のキーワード
熱力学第三法則，第三法則エントロピー

9-5 熱力学第三法則

前節までの考察から，温度の変化によるエントロピーの変化が計算できるようになった．そこで，$T=0$ におけるエントロピー $S(0)$ を決めれば，任意の温度におけるエントロピーの絶対値を決めることができそうである．そのために，**熱力学第三法則(the third law of thermodynamics)** がある．

◆熱力学第三法則◆

すべての完全結晶のエントロピーは $T=0$ で0である．

この基準を用いて求めたエントロピーを，**第三法則エントロピー(entropy of third law)** という．

熱力学の範囲では，熱力学第三法則はエントロピーの絶対値を定めるための便宜的なものに見える．しかし，統計力学（原子・分子の物理学から物質のマクロな振る舞いを明らかにする学問）を少し学ぶと，第三法則の意味がよくわかる．これについて，9.7節に簡単に述べた．

この節のキーワード
標準エントロピー

9-6 標準エントロピー

エンタルピーの場合と同様に，1 bar における第三法則エントロピーを **標準エントロピー（standard entropy）** といい，記号 $S^{\ominus}(T)$ で表す．さまざまな物質の標準エントロピーが求められている．エントロピーは状態量なので，エンタルピーの場合と同様に，標準エントロピーからさまざまな過程のエントロピー変化を求めることができる．

この節のキーワード
統計エントロピー

9-7 統計エントロピー

統計力学においては，エントロピーは次のように与えられる．

$$S = k \ln W \tag{9-27}$$

ボルツマン定数
80ページ参照．

k はボルツマン定数，W は系のミクロな状態の数である．物質は多数の原子・分子からできている．W は，それらの原子・分子の並び方の数である(式の導出や W の具体的な計算法に興味のある人は，自分で勉強するか，大学院にいって講義を聞こう！)．これは，熱力学第三法則の理解に役に立つ．完全結晶が0Kで熱運動をやめると，原子・分子の並び方は最も安定な一通りになりそうである．このとき

表 9-1　298 K における標準エントロピー

	$S_m^\ominus$(J K^{-1} mol^{-1})
固体	
グラファイト C (s)	5.7
ダイヤモンド C (s)	2.4
スクロース $C_{12}H_{22}O_{11}$ (s)	360.2
ヨウ素 I_2 (s)	116.1
液体	
ベンゼン C_6H_6 (l)	173.3
水 H_2O (l)	69.9
水銀 Hg (l)	76.0
気体	
メタン CH_4 (g)	186.3
二酸化炭素 CO_2 (g)	213.7
水素 H_2 (g)	130.7
ヘリウム He (g)	126.2
アンモニア NH_3 (g)	192.3

$$W = 1 \tag{9-28}$$

であるから

$$S = 0 \tag{9-29}$$

となり，熱力学第三法則が出てくる．

Wは，原子・分子が乱れた並び方をしていると大きな数字になる．それをふまえて考えると，熱力学第二法則は

断熱系(孤立系)の自発変化は，系が乱れる方向に進む．

と表現できる．

9-8　熱力学第一法則とエントロピー

この節のキーワード
熱力学第一法則のエントロピーによる表現

熱力学第一法則をエントロピーを用いて表してみよう．熱力学第一法則は，以下のように表すことができる．

$$\mathrm{d}U = \delta w + \delta q \tag{9-30}$$

可逆過程においては

$$\mathrm{d}U = \delta w + \delta q_{\mathrm{rev}} \tag{9-31}$$

である．一方，エントロピーは可逆過程の熱の移動を用いて

$$dS = \frac{\delta q_{rev}}{T} \tag{9-32}$$

と定義される．したがって

$$\delta q_{rev} = TdS \tag{9-33}$$

である．また，δw は系が外界からされた仕事なので

$$\delta w = -pdV \tag{9-34}$$

となる．これらの式をまとめると，**可逆過程において**は

$$dU = TdS - pdV \tag{9-35}$$

と書ける．

この節のキーワード
熱力学第二法則のエントロピーによる表現

9-9 熱力学第二法則の表示

熱力学第二法則を，エントロピーを用いて表すと，次式になる．

$$\Delta S \geqq 0 \quad (\text{孤立系}) \tag{9-36}$$

微分形では

$$dS \geqq 0 \quad (\text{孤立系}) \tag{9-37}$$

となる．孤立系では，エントロピーが増大する方向に変化が進む．

一般の変化について考えてみよう．前回求めた式，

$$\Delta S \geqq \int_A^B \frac{\delta q}{T} \tag{9-38}$$

の微分形は

$$dS \geqq \frac{\delta q}{T} \tag{9-39}$$

である．等号は可逆過程について成り立つ．この式から

$$TdS \geqq \delta q \tag{9-40}$$

がいえる．熱力学第一法則から

$$dU = \delta w + \delta q \tag{9-41}$$

であるから

$$TdS \geqq \delta q = dU - \delta w = dU + pdV \quad (9\text{-}42)$$

である．これをまとめると

$$dU \leqq TdS - pdV \quad (9\text{-}43)$$

が得られる．等号は可逆過程について成り立つ．これが一般の過程における熱力学第二法則の表現である．

9-10　熱力学的ポテンシャル

この節のキーワード
熱力学的ポテンシャル，ヘルムホルツ自由エネルギー，ギブズ自由エネルギー

力学のポテンシャルエネルギーを思い出そう．物体は高いところから低いところへ移動する.このことを,高いところほどポテンシャルエネルギーが高い，と表現したはずである．

熱力学についても同様なもの,つまり系の変化の方向を支配する関数(熱力学的ポテンシャル）を考えよう．熱力学ポテンシャルは，それが減少する方向に系の自発変化が起こるようにとる.よりどころは式(9-43)である.同式において $dV = 0$，$dS = 0$ とおくと，$dU \leq 0$ となる．このことから，**定積，等エントロピー過程においては系の自発変化は内部エネルギーが減少する方向に起こる**，といえる．つまり，定積断熱過程においては内部エネルギーが熱力学的ポテンシャルである．自発変化は内部エネルギーが減少する方向に起こる．平衡状態は内部エネルギーが最小の状態であり

$$dU = 0 \quad (9\text{-}44)$$

となる．

同様のことを他の条件で考えてみる．

(1) $dp = 0$，$dS = 0$

このとき，エンタルピーが熱力学的ポテンシャルとなる．

$$H = U + pV \quad (9\text{-}45)$$

であるから

$$dH = dU + pdV + Vdp \quad (9\text{-}46)$$

である．これと

$$dU \leqq TdS - pdV \quad (9\text{-}47)$$

から

$$\mathrm{d}H \leqq T\mathrm{d}S + V\mathrm{d}p \tag{9-48}$$

となる．等号は可逆過程について成り立つ．したがって，定圧等エントロピー過程においてはエンタルピーが熱力学的ポテンシャルである．

(2) $\mathrm{d}V = 0$，$\mathrm{d}T = 0$

このとき，以下のような新しい関数 A が熱力学ポテンシャルとなる．

$$A = U - TS \tag{9-49}$$

この関数を**ヘルムホルツ自由エネルギー（Helmholtz free energy）**，あるいは，**ヘルムホルツエネルギー（Helmholtz energy）**と呼ぶ．

$$\mathrm{d}A = \mathrm{d}U - T\mathrm{d}S - S\mathrm{d}T \tag{9-50}$$

である．これと

$$\mathrm{d}U \leqq T\mathrm{d}S - p\mathrm{d}V \tag{9-51}$$

から

$$\mathrm{d}A \leqq -p\mathrm{d}V - S\mathrm{d}T \tag{9-52}$$

となる．等号は可逆過程について成り立つ．したがって，定積等温過程においてはヘルムホルツ自由エネルギーが熱力学的ポテンシャルである．

(3) $\mathrm{d}p = 0$，$\mathrm{d}T = 0$

このとき，以下のような新しい関数 G が熱力学ポテンシャルとなる．

$$G = H - TS \tag{9-53}$$

$$G = U + pV - TS \tag{9-54}$$

この関数を**ギブズ自由エネルギー（Gibbs free energy）**，あるいは**ギブズエネルギー（Gibbs energy）**と呼ぶ．

$$\mathrm{d}G = \mathrm{d}U + p\mathrm{d}V + V\mathrm{d}p - T\mathrm{d}S - S\mathrm{d}T \tag{9-55}$$

である．これと

$$\mathrm{d}U \leqq T\mathrm{d}S - p\mathrm{d}V \tag{9-56}$$

から

$$dG \leqq Vdp - SdT \tag{9-57}$$

となる．等号は可逆過程について成り立つ．したがって，定圧等温過程においてはギブズ自由エネルギーが熱力学的ポテンシャルである．

9-11　閉鎖系の熱力学関係式

この節のキーワード
熱力学関係式，自然な変数

前節の不等式について，等号は可逆過程で成り立つ．そこで，可逆過程についての式をまとめよう．

熱力学的ポテンシャル	第一法則（可逆過程）	自然な変数
U	$dU = TdS - pdV$	S，V
H	$dH = TdS + Vdp$	S，p
A	$dA = -pdV - SdT$	V，T
G	$dG = Vdp - SdT$	p，T

ここに出てきた関数はすべて状態関数である．したがって，その微分は全微分となっている．たとえば

$$dU = TdS - pdV \tag{9-58}$$

であるが，U は状態関数なので

$$dU = \left(\frac{\partial U}{\partial S}\right)_V dS + \left(\frac{\partial U}{\partial V}\right)_S dV \tag{9-59}$$

と書ける．上の二つの式を比べると

$$\left(\frac{\partial U}{\partial S}\right)_V = T \tag{9-60}$$

$$\left(\frac{\partial U}{\partial V}\right)_S = -p \tag{9-61}$$

であることがわかる．他の変数（たとえば p と T）による微分からはこのようなきれいな関係は得られない．そこで，S と V を U の**自然な変数 (natural variable)** という．もう一つ例をあげれば

$$\left(\frac{\partial G}{\partial p}\right)_T = V \tag{9-62}$$

$$\left(\frac{\partial G}{\partial T}\right)_p = -S \tag{9-63}$$

である．これらの式を用いると，p，T の関数として $G(p, T)$ が求まった

偏微分と全微分
式 (9-58) から，U は S と V という 2 つの変数の関数であることがわかる．このとき，V が一定の値のときの S による U の微分を

$$\left(\frac{\partial U}{\partial S}\right)_V \tag{*}$$

と書き，U の S による偏微分という．もちろん V による偏微分も考えられる．一方，S も V も変化するとき，U の微小変化 dU は

$$dU = \left(\frac{\partial U}{\partial S}\right)_V dS + \left(\frac{\partial U}{\partial V}\right)_S dV \tag{**}$$

と書くことができる．式(＊＊)が成り立っているとき，dU を全微分という．dU が全微分で与えられることは U が状態関数であることと同値である．つまり，dU が全微分であれば積分 $\int_1^2 dU$ は 1 から 2 までの経路によらない値をとる．また，積分値が経路によらない値をとるならば dU は全微分である．

とき，他のすべての関数を求めることができる．

$$H = G + TS = G - T\left(\frac{\partial G}{\partial T}\right)_p \tag{9-64}$$

$$A = G - pV = G - p\left(\frac{\partial G}{\partial p}\right)_T \tag{9-65}$$

$$U = G - pV + TS = G - p\left(\frac{\partial G}{\partial p}\right)_T - T\left(\frac{\partial G}{\partial T}\right)_p \tag{9-66}$$

同様なことは他の関数にもいえるので，これらの4つの関数はみな等価である(どれかがわかればよい)．実験が簡単なのは，定圧等温の場合である．したがって，熱力学データとしてギブズエネルギーがよく用いられる．ギブズエネルギーに関しては膨大なデータベースが作られている．

この節のキーワード
最大仕事の原理，自由エネルギー，束縛エネルギー

9-12　ヘルムホルツエネルギーと最大仕事

ヘルムホルツエネルギーについての式を思い出そう．

コラム　超新星爆発と元素

宇宙はその昔，小さな1点から，ビッグバンと呼ばれる爆発によってできた．最初は高エネルギーの粒子からできていたが，膨張によって宇宙の温度が下がっていくにつれて陽子や中性子ができ，それらが結合して水素，ヘリウム原子核ができた．さらに温度が下がる過程で水素，ヘリウムが集まり，太陽のような星々が生まれた．星の中では水素，ヘリウムの原子核が核融合を起こし，原子番号の大きな元素ができていった．

われわれの太陽が光っていることからも，この核融合は発熱反応であり，融合してできた原子番号の大きな原子核のほうが安定であることがわかる．一方，原子核の中で最も安定なものは鉄の原子核である．したがって，鉄以上の原子番号をもつ原子を作るような核融合反応は吸熱反応である．つまり，星の中の核融合によっては鉄以上の原子番号をもつ元素は作られない．

鉄以上の原子番号をもつ元素は，原子核が中性子を捕獲することによって合成されたと考えられている．なかでも，太陽よりもずっと重たい星が起こす超新星爆発において生成する大量の中性子がおおきな役割を果たすと考えられている．おりしも2017年8月に重力波観測によって中性子星の衝突が観測された（図．重力波観測は2017年のノーベル賞に輝いた）．このような天体現象も，重原子の合成過程と関連している．

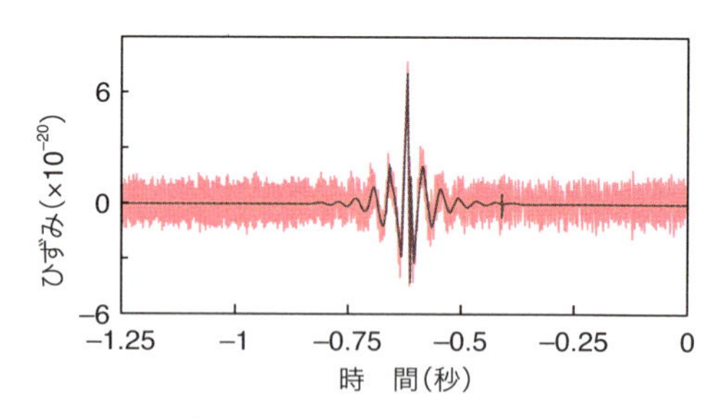

図　重力波の観測

B. P. Abbott et al., *Phys. Rev. Lett.*, **119**, 161101 (2017).

$$\mathrm{d}A \leqq -p\mathrm{d}V - S\mathrm{d}T \tag{9-67}$$

等号は可逆過程について成り立つ．この式を，仕事 w を使って書き直せば

$$\mathrm{d}A \leqq \delta w - S\mathrm{d}T \tag{9-68}$$

となり，さらには

$$\delta w \geqq \mathrm{d}A + S\mathrm{d}T \tag{9-69}$$

と書ける．等温変化を考えると，

$$\delta w \geqq \mathrm{d}A \tag{9-70}$$

となる．

w は外界から系に対してされた仕事を表す．ヘルムホルツエネルギーはその最小値となっている．いい方を変えれば，**ヘルムホルツエネルギーは，ある系が等温過程によって外界にすることのできる最大の仕事である**．これを**最大仕事の原理**ということがある．

同じことを内部エネルギーで書いてみると，次式になる．

$$\delta w \geqq \mathrm{d}U - T\mathrm{d}S \tag{9-71}$$

この式は等温過程についてのものであり，等号は可逆過程に対して成り立つ．内部エネルギーは，分子や原子でできた系がもっているエネルギーの総和であった．この式は，その系が等温過程において外界にすることのできる仕事は，系のエネルギーの総和(内部エネルギー)よりも小さいことを示している．小さくなってしまうエネルギー $T\mathrm{d}S$ のことを，系に縛りつけられたエネルギーという気持ちをこめて**束縛エネルギー（binding energy）**と呼ぶ．一方，残りのエネルギーは仕事として使える自由さをもっている．これが「自由エネルギー」と呼ばれるゆえんである．

章末問題

1 300 K の物体に 3 J の熱を等温可逆的に与えた．物体のエントロピー変化はいくらか．

2 100 ℃の水蒸気を 120 ℃に加熱したときのエントロピー変化を求めよ．ただし，この温度範囲での水蒸気の定圧熱容量は $3R$ であるとする．R は気体定数で 8.31 J K^{-1} mol^{-1} である．

3　ベンゼンの融点は 5.5 ℃，融解エンタルピーは 10.6 kJ mol^{-1} である．ベンゼンの融解に伴うエントロピー変化を求めよ．

4　1 mol の 0 ℃の氷を加熱し，100 ℃の水蒸気にするときのエントロピー変化を求めよ．ただし，0 ℃における水の融解エンタルピー，100 ℃における水の蒸発エンタルピーはそれぞれ 6.0，40.7 kJ mol^{-1} であり，0 ～ 100 ℃における水の定圧熱容量は 75.3 J K^{-1} mol^{-1} である．

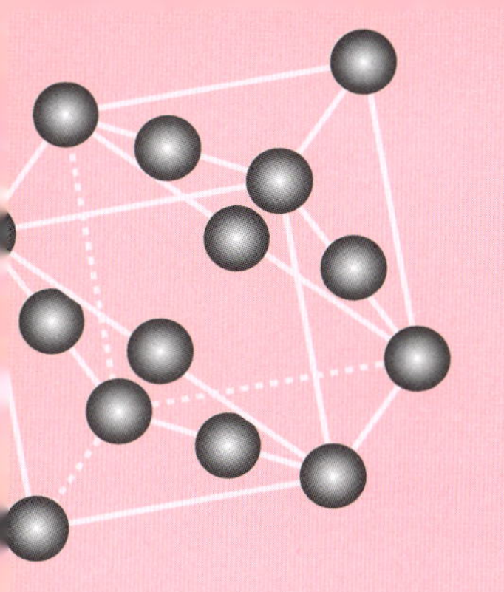

第10章 化学平衡

Chemical Equilibrium

この章で学ぶこと

第８，９章で，物質の状態が時間変化しない熱平衡状態について考えてきた．化学反応についても平衡状態を考えることができる．可逆的な化学反応においては，十分な時間経過の後には正反応と逆反応の速度が同じになり，系全体としては時間的変化がなくなる．このような状態を化学平衡という．この章では，化学平衡の生じる原因について考察し，平衡状態の系を記述する量である平衡定数とその温度変化について述べる．

10-1　可逆反応

この節のキーワード
可逆反応，正反応，逆反応

ここまで，物質の性質が時間的に変化しない，**熱平衡状態（thermal equilibrium state）**について考えてきた．たとえば，コップに水を入れてふたをする．しばらく置いておいても変化は見られないので平衡状態といえる．しかし，水の表面においては，空気中の水蒸気から水分子が飛び込んだり，水表面から水蒸気が飛び出したりしている．この両者が釣り合って変化がないように見えている．

また，物質の溶解について考えてみよう．溶解度以上の NaCl が水の中にあるとしよう．このとき，NaCl の一部は水に溶解し，残りは溶け残って下に沈んでいるはずだ[*1]．しかし，原子・分子に注目してこの状態を考えると，NaCl 固体から溶液中への溶出と溶液中から NaCl 固体の表面への析出が同じ速さで進行している（図 10-1）．このように，平衡状態においても，原子・分子の関与するミクロな視点ではさまざまな変化が起こっている．それがマクロな視点では何の変化もないように見える．

*1　飽和溶液という．

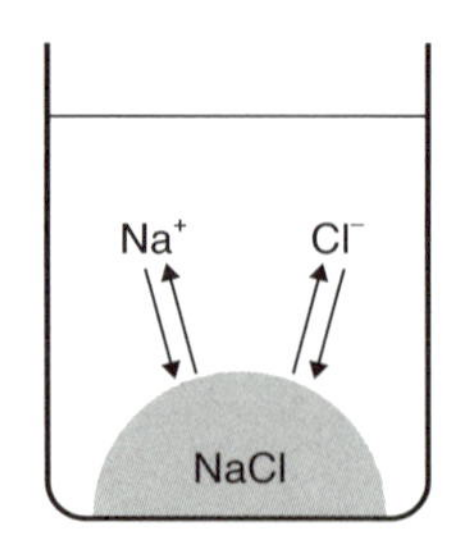

図 10-1 溶解度以上の NaCl と水

どちらが正反応か
どちらが正反応であるかは，その反応をどう考察しているか，という人間の主観で決める．化学反応式を書く場合は，右向きを正反応にする．

化学反応が起こって反応物から生成物ができるとき，生成物から反応物ができる反応も同時に起こることがある．このような反応を**可逆反応(reversible reaction)**という．生成物のできる反応を**正反応(forward reaction)**，反応物に戻る反応を**逆反応(reverse reaction)**と呼ぶ．可逆反応でない反応を不可逆反応という．不可逆反応とされる反応には，気体を発生する反応など，生成物が系の外に飛び出してしまうものが多い．

この節のキーワード
化学平衡，質量作用の法則

10-2 化学平衡

気体の水素 H_2 とヨウ素 I_2 を容器内に入れ，密閉して加熱する．このとき I_2 は気化して H_2 と反応し，容器内にヨウ化水素 HI を生じる．

$$H_2 + I_2 \longrightarrow 2HI \qquad (10\text{-}1)$$

時間が経って反応容器内に HI が増えてくると，逆反応が起こる．

$$2HI \longrightarrow H_2 + I_2 \qquad (10\text{-}2)$$

十分に長い時間がたつと，正反応と逆反応の速さが等しくなり，見かけの変化が起こらなくなる．容器内では上の 2 つの反応が進行し続けている．この状態を**化学平衡(chemical equilibrium)**といい，次のように書く．

$$H_2 + I_2 \rightleftarrows 2HI \qquad (10\text{-}3)$$

平衡定数の考え方
式 (10-4) の K の値を平衡定数と考えることもある．高校の教科書はこの立場で書かれている．この場合，平衡定数は反応によって異なる単位をもつ．本書では，次節に示すように，平衡定数として単位をもたない量を定義する．そうすることによって，熱力学理論が適用しやすくなる．

水素，ヨウ素，ヨウ化水素の濃度をそれぞれ $[H_2]$，$[I_2]$，$[HI]$ とすると，化学平衡状態では

$$K = \frac{[HI]^2}{[H_2][I_2]} \qquad (10\text{-}4)$$

は一定温度で一定値をとる．このことを**質量作用の法則 (mass action law)**という．

質量作用の法則を導出しよう．反応 (10-1) によって H_2 と I_2 から HI ができるとき，HI の物質量の時間変化を考える．H_2 の物質量が 2 倍になる

と，単位時間あたりにできる HI の物質量は 2 倍になる．I_2 についても同様である．このことを式で書くと

$$\frac{d[HI]}{dt} = k_1[H_2][I_2] \tag{10-5}$$

となる[*2]．一方，反応（10-2）によって，HI は H_2 と I_2 に変化する．その変化は 2 分子の HI から生じるので，単位時間に減少する HI の量は HI 濃度の 2 乗に比例する．

*2　これを反応速度という．第 14 章で議論する．

$$-\frac{d[HI]}{dt} = k_2[HI]^2 \tag{10-6}$$

したがって，反応(10-1)と(10-2)が両方とも起こっている場合は

$$\frac{d[HI]}{dt} = k_1[H_2][I_2] - k_2[HI]^2 \tag{10-7}$$

となる．平衡状態では HI の濃度は時間変化しないので

$$\frac{d[HI]}{dt} = 0 \tag{10-8}$$

だから

$$k_1[H_2][I_2] = k_2[HI]^2 \tag{10-9}$$

である．この式から

$$\frac{[HI]^2}{[H_2][I_2]} = \frac{k_1}{k_2} = 一定 \tag{10-10}$$

となる．この比は温度が決まれば一定値をとる定数である．

10-3　平衡定数

この節のキーワード
平衡定数，濃度平衡定数，圧平衡定数

可逆反応が平衡に達したとき，反応物，生成物のどちらにどれくらい偏っているかを示すのが**平衡定数（equilibrium constant）**である．平衡定数は，濃度や圧力を用いて定義するが，基準値との比を用いることによって単位のない値として求める．

平衡反応

$$aA + bB \rightleftarrows cC + dD \tag{10-11}$$

の平衡定数を各成分の濃度から考えよう．A ～ D は物質で，a ～ d は反

応式の係数を表す．平衡定数は，濃度そのものではなく，基準濃度に対する濃度の比を用いて定義する．基準濃度として 1 mol L^{-1}（これを c_0 と書こう）を用いると，上の反応の平衡定数 K_c は

$$K_c = \frac{(c_C/c_0)^c (c_D/c_0)^d}{(c_A/c_0)^a (c_B/c_0)^b} \tag{10-12}$$

と書ける．c_A，c_B，c_C，c_D はそれぞれ A，B，C，D の濃度である．この K_c を**濃度平衡定数（equilibrium constant of concentration）**という．

例題 10-1　下の反応の濃度平衡定数の式を書け．

$$H_2 + I_2 \rightleftharpoons 2HI \tag{10-13}$$

解答　式(10-4)をもとにして，平衡定数を考える．このとき，濃度そのものではなく，基準濃度 1 mol L^{-1} との比を用いる．平衡定数 K_c は

$$K_c = \frac{([HI]/1[mol\,L^{-1}])^2}{([H_2]/1[mol\,L^{-1}])([I_2]/1[mol\,L^{-1}])} \tag{10-14}$$

と書ける．

気相反応の場合，濃度の代わりに各成分の分圧を利用することができる．このときも，平衡定数は基準となる圧力に対する分圧の比を用いて定義する．基準圧力として 1 bar（これを p_0 とする）を用いると

$$aA + bB \rightleftharpoons cC + dD \tag{10-15}$$

の反応の平衡定数 K_p は

$$K_p = \frac{(p_C/p_0)^c (p_D/p_0)^d}{(p_A/p_0)^a (p_B/p_0)^b} \tag{10-16}$$

で与えられる．ただし，A，B，C，D の分圧をそれぞれ p_A，p_B，p_C，p_D とする．この K_p を**圧平衡定数（equilibrium constant of pressure）**という．

濃度平衡定数と圧平衡定数の関係について考える．全体の体積を V とし，各気体を理想気体だと仮定し，たとえば成分 A の物質量を n_A とすると

$$c_A = \frac{n_A}{V} = \frac{p_A}{RT} \tag{10-17}$$

であるから

$$p_A = c_A RT \tag{10-18}$$

が成り立つ．B，C，D についても同様の式が成り立つので，これらを圧平衡定数の式に代入して計算する．

$$K_p = \frac{(c_C RT/p_0)^c (c_D RT/p_0)^d}{(c_A RT/p_0)^a (c_B RT/p_0)^b} = \frac{(c_C/c_0 \cdot RT/p_0)^c (c_D/c_0 \cdot RT/p_0)^d}{(c_A/c_0 \cdot RT/p_0)^a (c_B/c_0 \cdot RT/p_0)^b}$$
$$= \frac{(c_C/c_0)^c (c_D/c_0)^d}{(c_A/c_0)^a (c_B/c_0)^b} \cdot \left(\frac{c_0 RT}{p_0}\right)^{c+d-a-b} = K_c \cdot \left(\frac{c_0 RT}{p_0}\right)^{c+d-a-b} \tag{10-19}$$

上の計算から，圧平衡定数と濃度平衡定数の換算ができる．

例題 10-2　H_2, I_2 と HI の間の平衡において，圧平衡定数 K_p を書き，濃度平衡定数との換算式を書け．

解答　H_2, I_2 と HI の分圧をそれぞれ p_{H_2}, p_{I_2}, p_{HI} とする．式(10-16)から，p_0 を 1 bar とすると，K_p は次のように書ける．

$$K_p = \frac{(p_{HI}/p_0)^2}{(p_{H_2}/p_0)(p_{I_2}/p_0)} = \frac{{p_{HI}}^2}{p_{H_2} p_{I_2}} \tag{10-20}$$

一方，濃度平衡定数 K_c は c_0 を 1 mol L^{-1} とすると

$$K_c = \frac{([HI]/c_0)^2}{([H_2]/c_0)([I_2]/c_0)} = \frac{[HI]^2}{[H_2][I_2]} \tag{10-21}$$

である[*3]．全体の体積を V とし，各気体を理想気体だと仮定すると

$$p_{H_2} V = n_{H_2} RT \tag{10-22}$$

が成り立つ．体積モル濃度は物質量を体積で割ったものなので

$$[H_2] = \frac{n_{H_2}}{V} = \frac{p_{H_2}}{RT} \tag{10-23}$$

となる．この関係は I_2，HI についても成り立つ．したがって

$$K_c = \frac{[HI]^2}{[H_2][I_2]} = \frac{\left(\dfrac{n_{HI}}{V}\right)^2}{\dfrac{n_{H_2}}{V} \cdot \dfrac{n_{I_2}}{V}} = \frac{\left(\dfrac{p_{HI}}{RT}\right)^2}{\dfrac{p_{H_2}}{RT} \cdot \dfrac{p_{I_2}}{RT}} = \frac{{p_{HI}}^2}{p_{H_2} p_{I_2}} = K_p \tag{10-24}$$

*3　この反応では，反応の前後で分子数が変わらないので式(10-20)，(10-21)において p_0，c_0 が打ち消しあう．分子数が変化する反応では p_0，c_0 が残る．

となり，K_c と K_p は等しい．

例題 10-3　気相反応

$$2NO_2 \rightleftarrows N_2O_4 \tag{10-25}$$

の濃度平衡定数と圧平衡定数の関係を示せ．

解答　NO_2, N_2O_4 の分圧をそれぞれ $p_{NO_2}, p_{N_2O_4}$ とする．圧平衡定数は，p_0 を 1 bar とすると

$$K_p = \frac{(p_{N_2O_4}/p_0)}{(p_{NO_2}/p_0)^2} = \frac{p_{N_2O_4}p_0}{{p_{NO_2}}^2} \tag{10-26}$$

である[*4]．NO_2 に対して

$$p_{NO_2}V = n_{NO_2}RT \tag{10-27}$$

である．したがって，NO_2 の濃度は

$$[NO_2] = \frac{n_{NO_2}}{V} = \frac{p_{NO_2}}{RT} \tag{10-28}$$

となる．一方，濃度平衡定数は c_0 を 1 mol L^{-1} とすると

$$K_c = \frac{([N_2O_4]/c_0)}{([NO_2]/c_0)^2} = \frac{[N_2O_4]c_0}{[NO_2]^2} \tag{10-29}$$

である．したがって

$$Kc = \frac{\left(\dfrac{p_{N_2O_4}}{RT}\right)c_0}{\left(\dfrac{p_{NO_2}}{RT}\right)^2} = \frac{p_{N_2O_4}p_0}{p_{NO_2}}\frac{RT}{p_0}c_0 = K_p\frac{c_0RT}{p_0} \tag{10-30}$$

となる．

このとき，c_0 を 1 mol L^{-1} としているので，R として L を用いた単位を使う必要があることに注意を要する．

*4　式(10−26)において p_0 は 1 bar である．p_0があることで，数値は変わらないが，単位が変わって K_p が単位のない値になっていることに注意しよう．式(10-29)も同様だ．

この節のキーワード
標準反応ギブズエネルギー

10-4　平衡定数とギブズエネルギー

次の化学反応を考える．

$$aA + bB \rightleftharpoons cC + dD \tag{10-31}$$

反応が右に進み，A が a mol 減少するときのギブズエネルギーの変化量を反応ギブズエネルギーという．標準状態における反応ギブズエネルギーを**標準反応ギブズエネルギー（standard Gibbs energy of reaction）**といい，$\Delta_r G^{\ominus}$ で表す*5．標準反応ギブズエネルギーは平衡定数と

$$\Delta_r G^{\ominus} = -RT \ln K_p \tag{10-32}$$

の関係でつながっている．したがって，反応のギブズエネルギーがわかっていれば，その反応の平衡定数を計算で求めることができる．

その例として，アンモニア合成反応

$$N_2(g) + 3H_2(g) \rightleftharpoons 2NH_3(g) \tag{10-33}$$

の 298 K における平衡定数を求めてみよう．この反応の標準反応ギブズエネルギーは，–32.90 kJ mol^{-1} である．したがって，平衡定数を K とすると

$$\ln K_p = -\frac{\Delta_r G^{\ominus}}{RT} = -\frac{-32.90 \times 10^3\ \mathrm{J\ mol^{-1}}}{8.31\ \mathrm{J\ K^{-1}\ mol^{-1}} \times 298\ \mathrm{K}} \tag{10-34}$$

であるから

$$K_p = 5.9 \times 10^5 \tag{10-35}$$

が得られる．

*5　反応を英語で reaction というので，反応による変化を Δ_r と表記している．

10-5　平衡状態の変化（ル・シャトリエの原理）

この節のキーワード
ル・シャトリエの原理，ファント・ホッフの式

平衡にある系において，温度，圧力，物質量などの条件を変化させると，その系は新しい平衡状態に変化する．**平衡状態の変化は，条件の変化を打ち消す方向に進む**．これを**ル・シャトリエの原理（Le Chatelier's principle）**という．例として，以下の反応を考えてみよう．

$$N_2(g) + 3H_2(g) \rightleftharpoons 2NH_3(g) \quad \Delta_r H^{\ominus} = -92\ \mathrm{kJ\ mol^{-1}} \tag{10-36}$$

この反応が平衡にあるとき，系の状態を変化させる．まず濃度について考える．N_2 の濃度を増やすと，平衡は右に傾き N_2 の濃度は減少する．一方，温度を上げると平衡は左に傾き，温度は下がる（この反応は発熱反応だ）．圧力を上げると平衡は右に傾いて分子数を減らし，圧力は下がる．以下で，ル・シャトリエの原理を熱力学的に考察してみよう．

10-5-1 濃度の効果

平衡反応

$$aA + bB \rightleftharpoons cC + dD \tag{10-37}$$

において，温度，圧力が同じ状態で反応物の量を増やすとどうなるだろうか．圧平衡定数をもとに考えてみる．

$$K_p = \frac{\left(\dfrac{p_C}{p^\circ}\right)^c \left(\dfrac{p_D}{p^\circ}\right)^d}{\left(\dfrac{p_A}{p^\circ}\right)^a \left(\dfrac{p_B}{p^\circ}\right)^b} \tag{10-38}$$

圧平衡定数は圧力には依存せず，温度だけによって定まる定数である．反応物の圧力 p_A が大きくなって K_p が一定値であるためには，平衡が生成物側に移動して p_C や p_D が大きくならなければならない．したがって，反応物Aを増やした結果としてA，Bが減少してC，Dが増えるので，平衡の移動は反応物の変化を打ち消す方向だといえる．

10-5-2 平衡定数の温度依存性

ギブズ自由エネルギーとエンタルピーの間には次の関係式が成り立ち，ギブズ–ヘルムホルツの式という[*6]．

$$\left(\frac{\partial}{\partial T}\left(\frac{G}{T}\right)\right)_p = -\frac{H}{T^2} \tag{10-39}$$

標準反応ギブズエネルギーについては

$$\left(\frac{\partial}{\partial T}\left(\frac{\Delta_r G^\ominus}{T}\right)\right)_p = -\frac{\Delta_r H^\ominus}{T^2} \tag{10-40}$$

である．ここで

$$\Delta_r G^\ominus = -RT \ln K_p \ (\text{平衡状態}) \tag{10-41}$$

であるから

$$\left(\frac{\partial}{\partial T}\left(\frac{\Delta_r G^\ominus}{T}\right)\right)_p = \left(\frac{\partial}{\partial T}\left(\frac{-RT \ln K_p}{T}\right)\right)_p = -R\frac{\mathrm{d}\ln K_p}{\mathrm{d}T} \tag{10-42}$$

である．最後の部分が全微分になっているのは，K_p が圧力に依存せず，温度だけの関数だからだ．これらの式から

*6　G と H の関係式は以下の手順で求めることができる．まず，G/T を $1/T$ と G の積と考えて T で微分する．

$$\left(\frac{\partial}{\partial T}\left(\frac{G}{T}\right)\right)_p = -\frac{G}{T^2} + \frac{1}{T}\left(\frac{\partial G}{\partial T}\right)_p$$

一方，式(9-63)から

$$\left(\frac{\partial G}{\partial T}\right)_p = -S$$

であるから

$$\left(\frac{\partial}{\partial T}\left(\frac{G}{T}\right)\right)_p = -\frac{G}{T^2} - \frac{S}{T} = -\frac{G+TS}{T^2}$$

となる．ここから

$$\left(\frac{\partial}{\partial T}\left(\frac{G}{T}\right)\right)_p = -\frac{H}{T^2}$$

が求まる．一方，A について同様の計算をすると

$$\left(\frac{\partial}{\partial T}\left(\frac{A}{T}\right)\right)_V = -\frac{U}{T^2}$$

が求まる．最後の二つの式をギブズ–ヘルムホルツの式という．

$$R\frac{\mathrm{d}\ln K_\mathrm{p}}{\mathrm{d}T}=-\frac{\Delta_\mathrm{r}H^\ominus}{T^2} \tag{10-43}$$

であるから，整理して

$$\frac{\mathrm{d}\ln K_\mathrm{p}}{\mathrm{d}T}=\frac{\Delta_\mathrm{r}H^\ominus}{RT^2} \tag{10-44}$$

が得られる．これを**ファント・ホッフの式（van't Hoff's equation）**という．

吸熱反応の場合は $\Delta_\mathrm{r}H^\ominus$ が負の値なので，K_p は温度が増加すると増加する．つまり，平衡は生成物の方向に移動する．吸熱反応の場合加熱によって反応が生成物の方向に移動しているので，平衡の移動は変化を打ち消す方向だといえる．

発熱反応の場合は $\Delta_\mathrm{r}H^\ominus$ が正の値なので，K_p は温度が増加すると減少する．つまり，平衡は反応物の方向に移動する．発熱反応の場合加熱によって反応が反応物の方向に移動しているので，平衡の移動は変化を打ち消す方向だといえる．

10-5-3　平衡定数の圧力依存性

平衡反応

$$\mathrm{A} \rightleftarrows 2\mathrm{B} \tag{10-45}$$

を考える．系が理想混合気体であるとき

$$K_\mathrm{p}=\frac{\left(\dfrac{p_\mathrm{B}}{p^\circ}\right)^2}{\left(\dfrac{p_\mathrm{A}}{p^\circ}\right)^2}=\frac{{p_\mathrm{B}}^2}{p_\mathrm{A}p^\circ} \tag{10-46}$$

である．圧平衡定数 K_p は，全圧には依存しない．全圧を p，A と B のモル分率をそれぞれ x_A と x_B とすると，

$$x_\mathrm{A}=\frac{p_\mathrm{A}}{p},\quad x_\mathrm{B}=\frac{p_\mathrm{B}}{p} \tag{10-47}$$

であるから

$$K_p = \frac{{x_B}^2}{x_A}\frac{p}{p^\circ} \tag{10-48}$$

となる．ここで，モル分率平衡定数 K_x を

$$K_x = \frac{{x_B}^2}{x_A} \tag{10-49}$$

で定義すると

$$K_x = K_p\frac{p^\circ}{p} \tag{10-50}$$

である．圧平衡定数 K_p は全圧に依存しないので，圧力が高くなるとモル分率平衡定数 K_x は減少する．これは，平衡が反応物のほうに移動することを示す．このように，反応によって系の分子数が増加するとき，圧力を高くすると平衡が反応物の方へ移動するので，平衡の移動は変化を打ち消す方向だといえる．

この節のキーワード
電離，イオン積

10-6　電離平衡（水の電離，緩衝作用，溶解度積）

水の中には次のような化学平衡がある．

$$H_2O \rightleftharpoons H^+ + OH^- \tag{10-51}$$

これを水の**電離(ionization)**という．この化学平衡の平衡定数 K は

$$K = \frac{([H^+]/c_0)([OH^-]/c_0)}{[H_2O]/c_0} \tag{10-52}$$

である．しかし，K の値は非常に小さく，$[H_2O]$は一定と考えてよいので，通常は**イオン積(ionic product)**

$$K_W = [H^+][OH^-] \tag{10-53}$$

で考える．酸，塩基の反応を考える際には，この平衡を定量的に解析する必要がある．詳しくは第12章で見ていこう．

この節のキーワード
溶解度積

10-7　溶解度積

本章のはじめに，NaClの飽和水溶液について考察した．水に溶けにくい塩においても，水の中にわずかに電離したイオンが溶けている．このような系について考えるとき，水の電離と同様にイオン濃度の積(溶解度積)を考える．

実例を示そう．塩化銀 AgCl は水に難溶であるが，わずかに水に溶けて

$$AgCl \rightleftarrows Ag^+ + Cl^- \tag{10-54}$$

という平衡にある．このとき，水の場合の$[H^+][OH^-]$と同様に，$[Ag^+][Cl^-]$は一定温度で一定値を示す．これを**溶解度積（solubility product）**という．AgCl の場合

$$[Ag^+][Cl^-] = 1.8 \times 10^{-10}\,(mol\,L^{-1})^2 \tag{10-55}$$

である．溶解度積は，$[Ag^+]$と$[Cl^-]$が等しくなくても一定値である．たとえば，AgCl の飽和溶液においては$[Ag^+]$と$[Cl^-]$が等しいので

$$[Ag^+] = \sqrt{1.8 \times 10^{-10}}\,mol\,L^{-1} = 1.3 \times 10^{-5}\,mol\,L^{-1} \tag{10-56}$$

であるが，ここに塩酸を加えて$[Cl^-] = 1\,mol\,L^{-1}$とすれば，$[Ag^+] = 1.8 \times 10^{-10}\,mol\,L^{-1}$となり，溶液中の$Ag^+$の濃度は減少する．

例題 10-4　0.2 M の $AgNO_3$ 水溶液 10 mL に 2 M の塩酸 10 mL を加えたところ白色の沈殿が生じた．上澄み液に含まれる Ag^+ の濃度はいくらか．

解答　溶液量が倍になるので Ag の溶液全体に対する濃度は 0.1 M，塩酸の濃度は 1 M となる．AgCl の溶解度が小さいので，ほとんどの Ag^+ は AgCl として沈殿する．したがって，このとき上澄みの中の Cl^- の濃度は 0.9 M である．AgCl の溶解度積は $1.8\times10^{-10}\,(mol\,L^{-1})^2$ なので，Ag^+ の濃度はこれを 0.9 M で割って $2.0 \times 10^{-10}\,mol\,L^{-1}$ である．

章末問題

1　下の反応の濃度平衡定数の式を書け．

$$N_2 + 3H_2 \rightleftarrows 2NH_3$$

2　上の反応の圧平衡定数の式を書け．また，反応気体が理想気体であることを仮定して濃度平衡定数と圧平衡定数との換算式を書け．

3　700 K における下の反応の圧平衡定数は 55 である．標準反応ギブズエネルギーを求めよ．

$$H_2 + I_2 \rightleftarrows 2HI$$

4 10 mL の 0.1 M $AgNO_3$ 水溶液を NaCl 水溶液と混合して 1 L の溶液とした．溶液をろ過して得られた白い固体物質は何か．この物質の量が 10 μg であったとすると，加えた NaCl 水溶液の濃度はいくらか．また，白い物質の生成量が 100 mg であった場合についても考えてみよう．

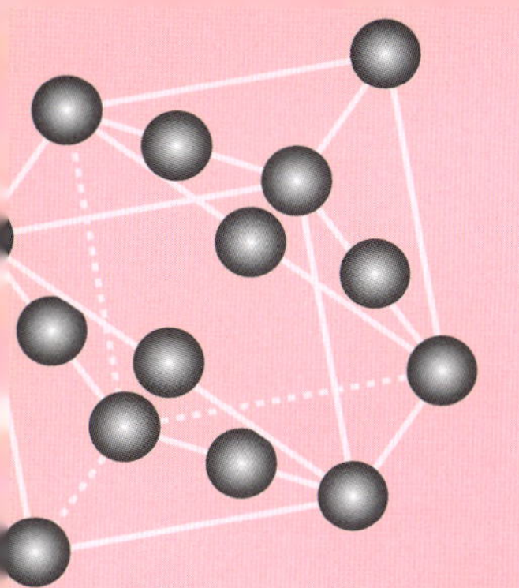

第11章 物質の三態と状態変化

Three States of Matter and Change of State

この章で学ぶこと

液体の水を加熱すると沸騰して気体の水蒸気になり，冷やすと固体の氷になる．このように，物質は温度によって固体，液体，気体の3つの状態をとる．この章ではこの3つの状態の違いや状態間の移り変わり（相転移）について考える．まず，3つの状態について概説し，それらが現れる条件（温度，圧力など）を示す相図の見方について述べる．そのあと相転移について熱力学的に考察する．

11-1　固体・液体・気体

この節のキーワード
物質の三態

物質は，圧力や温度の変化によって固体，液体，気体の3つの状態をとる．この3つの状態を**物質の三態（three states of matter）**という．固体は固く，大きさと形が決まっている．液体は柔らかく，体積はおおよそ決まっているが形は決まっていない．気体は体積と形が自由に変えられる．（表11-1）このような3つの状態の違いは，物質の中での原子，分子

表11-1　固体，液体，気体の性質

固体	液体	気体
硬い	軟らかい さわれる	感触がない 温度差は感じることができる
形がある	形がない	形がない
体積一定	体積一定	体積は変わりやすい
原子分子が互いに引き合って結合し，決まった位置に存在する	原子分子が互いに引き合って結合しているが，位置は一定せず，運動している	原子分子が空間を飛び回っている

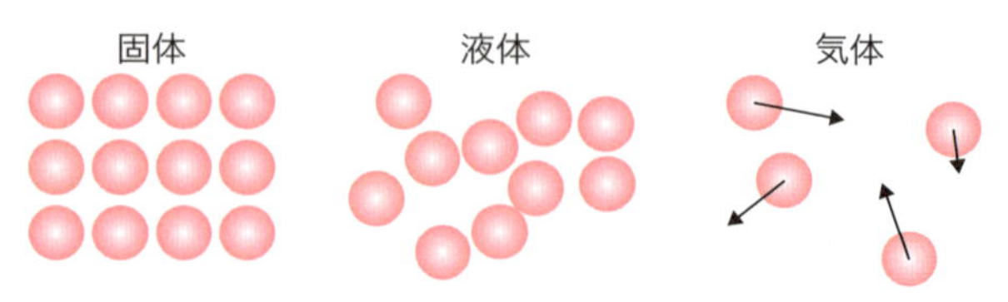

図 11-1　固体・液体・気体

の運動状態の違いによって生まれる．物質の三態を図 11-1 に示す．固体では，原子分子はある場所にとどまっている．そのため形が変わりにくい．液体は，原子分子はつながっているが運動しており，お互いの位置は常に変わっている．そのため体積は一定となるが形は自由に変わる．気体の中では原子分子は自由に飛び回っている．その結果，少しの力で体積が変わり，形も自由に変わる．

この節のキーワード
融解，凝固，昇華，相図，三重点，臨界点，超臨界状態

11-2　三態の間の変化

液体の水を冷却すると固体の氷となり，加熱すると気体の水蒸気となる．これらの状態をそれぞれ液相，固相，気相という．**相（phase）**は，系内でマクロな性質が一様な部分を指す．圧力・温度によって物質の固体・液体・気体のどの状態が平衡に存在するかを示す図を**相図（phase diagram）**という．図 11-2 に，水と二酸化炭素の相図を示す．相図において，区切られた領域の中では，その物質は平衡状態において固体・液体・気体で存在する．領域を区切る線は，2 つの相が共存する圧力・温度を示している．たとえば固体と気体が共存する線を気－固共存線という．これは，固体の**蒸気圧曲線（vapor pressure curve）**でもある．液体－気体の場合も同様である．気－固共存線，気－液共存線，固－液共存線は一点で交わる．これを**三重点（triple point）**という．三重点においては気相，液相，固相が共存する．一方，気液が共存する曲線(蒸気圧曲線)に沿って温度を上昇させていくと，D 点において気相と液相の区別がつかなくなる．

蒸気圧曲線
固体，液体が気相と接しているとき，気相中にはその物質の蒸気(気体)がある．この蒸気の分圧を蒸気圧という．蒸気圧は温度によって変化する．これを p-T のグラフに表したときの曲線が蒸気圧曲線である．

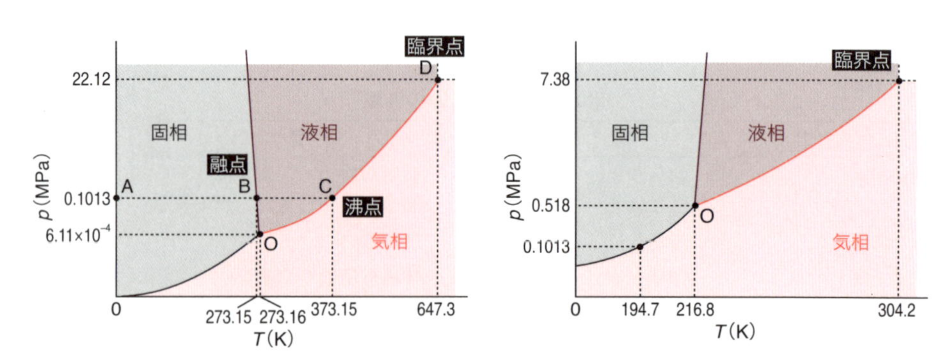

図 11-2　水と二酸化炭素の相図

この点を**臨界点(critical point)**という．臨界点における温度，圧力をそれぞれ臨界温度，臨界圧力という．温度，圧力がともに臨界点よりも高い状態を**超臨界状態(supercritical state)**という．

もう一度，図 11-2 を見てみよう．1 atm（0.1013 MPa）の低温の氷 (A) を加熱して温度を上昇させると 273.15 K で水となり（B），さらに加熱すると 373.15 K で水蒸気（気体）になる（C）．水の三重点（O）の温度は 0.01 ℃, 圧力は 611.7 Pa（6.037×10^{-3} atm）である．また, 水の臨界点 (D) は 647.3 K，22.12 MPa である．

1 atm のもとで氷を加熱すると，0 ℃で融解して水となり，さらに加熱すると 100 ℃で沸騰して水蒸気となる．このように，1 atm における融点と沸点をそれぞれ**通常融点(normal melting point)**，**通常沸点(normal boiling point)**という．これに対して, 圧力 1 bar（10^5 Pa）における融点，沸点をそれぞれ**標準融点（standard melting point)**，**標準沸点(standard boiling point)**という．熱力学データを参照する際には，どちらの値なのかを理解しておく必要がある．一般に，通常融点と標準融点の差は無視できるが，通常沸点と標準沸点の差は無視できない．水の通常沸点は 100 ℃であり，標準沸点は 99.63 ℃である．

例題 11-1　図 11-2 を見て，二酸化炭素の三重点の温度・圧力，通常融点を読み取れ．

解答　三重点は O 点なので，温度 216.8 K，圧力 0.518 MPa．通常融点は 194.7 K である．二酸化炭素は 1 atm においては固体から気体に昇華するので通常融点はない．

11-3　相　律

この節のキーワード
自由度，ギブズの相律

図 11-2 の相図において，たとえば液相に注目すると，液相の領域内であれば，温度，圧力のどちらかを決めても，もう片方は決まった値ではなくある範囲の値をもつ．たとえば水は 1 atm のとき，0 〜 100 ℃の範囲の温度で存在する．つまり，液相の水の状態を定めるには 2 つのパラメータが必要である．一方，固体－液体が共存する場合は固－液共存線上にあるので，圧力を決めれば温度が決まってしまう（温度を決めれば圧力が決まってしまう，ともいえる）．したがって，自由に選べるパラメータは 1 つである．三重点は温度，圧力が定まっているので自由に選べるパラメータはない．このように，自由に選べるパラメータの数を**自由度（degree of freedom)**という[*1]．

*1　ただし，自由度を考察する際には全体の量は考慮に入れない．したがって物質量や体積は自由度を決めるパラメータには数えない．

ここまでは1成分系の相図を考えてきた．ここで，多成分系を含む一般の系の自由度について考察する．ある系の成分の数を C，平衡にある相の数を P，自由度を F とすると

$$F = C - P + 2 \tag{11-1}$$

が成り立つ．これを**ギブズの相律（Gibbs phase rule）**という．成分の数 C は，正確には**独立成分（independent component）**の数である．成分間に化学反応がある場合，化学平衡の条件があるので各成分の濃度が独立に決まらなくなる．たとえば N_2O_4 に NO_2 との平衡がある場合，これらの C への寄与は1である．

例題 11-2　図 11-2 の相図の中の D 点と O 点を結ぶ線上の状態において，系の自由度はいくらか．ギブズの相律に基づいて説明せよ．

解答　図 11-2 の相図において，成分の数 C は 1，平衡にある相の数 P は 2 であるから，自由度を F とすると

$$F = C - P + 2 = 1 - 2 + 2 = 1 \tag{11-2}$$

より，自由度は1である．

この節のキーワード
安定相

11-4　安定相の温度依存性

相が温度によって変わることを熱力学的に考えてみよう．系はギブズエネルギーが最小になるときが安定である．ギブズエネルギーについて考える前に，エンタルピーとエントロピーの温度依存性について確認しよう．エンタルピーは温度が高いほど値が大きい．つまり，$T_1 < T_2$ ならば $H(T_1) < H(T_2)$ である．融解，蒸発に伴うエンタルピー変化も正の値なので，温度の増加とともにエンタルピーは増加する．したがって

$$0 < H_{固体} < H_{液体} < H_{気体} \tag{11-3}$$

である．同様に，温度の増加とともにエントロピーは増加し

$$0 < S_{固体} < S_{液体} < S_{気体} \tag{11-4}$$

である．エンタルピー，エントロピーの温度変化について図 11-3 にまとめた．確認しよう．

ここで，1 mol あたりのギブズエネルギー G_m [*2] について考える．

*2　これを化学ポテンシャルという．

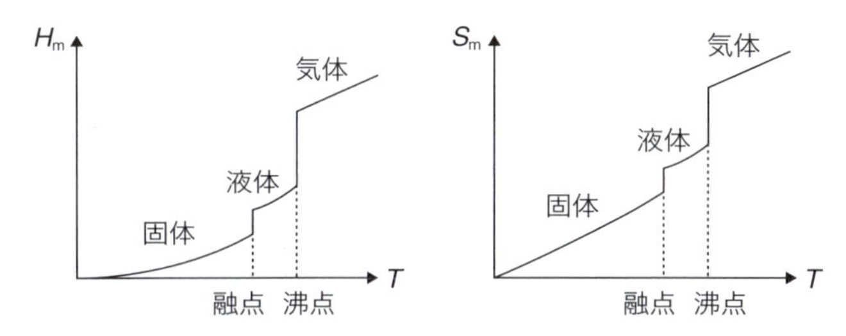

図 11-3　エンタルピー，エントロピーの温度変化

$$G_m = H_m - TS_m \tag{11-5}$$

である．G_m を温度 T に対してプロットすると，H_m と S_m が温度に依存しなければ右肩下がりの直線となる[*3]．切片は H_m で傾きが S_m だ．固体，液体，気体についての式(11-3)と(11-4)の関係から，G_m の温度依存性は図 11-4 のようになる．系はギブズエネルギーが最小になるように変化するので，低温から高温になるにつれて，固体→液体→気体と変化することがわかる．図 11-4 (b)のようになる場合は，安定相として液体は存在せず，昇華する．

*3　相転移が起こる温度の周辺のわずかな温度範囲ではこう考えてよい．

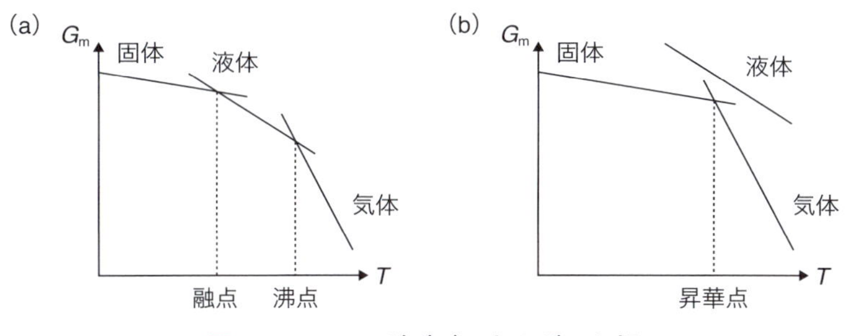

図 11-4　モルギブズエネルギーと相

11-5　相転移とクラペイロンの式

相平衡について定量的に考える．具体的には，圧力 p と温度 T で表される相図で，気液共存線（蒸気圧曲線）や固液共存線を熱力学的に求める．1 成分系の 2 相を α，β とすると，**相境界線（phase border）**には次の関係が成り立つ．

$$\frac{dp}{dT} = \frac{\Delta_{trs}H}{T(V_{m\beta} - V_{m\alpha})} \tag{11-6}$$

ここで，$\Delta_{trs}H$ は相転移エンタルピー，$V_{m\alpha}$，$V_{m\beta}$ はそれぞれ α，β 相のモ

クラペイロンの式の導出

平衡状態では 2 相のギブズエネルギーは等しい．

$$G_{m\alpha} = G_{m\beta} \tag{1}$$

ただし，m は「1 mol あたりの」を表す．熱力学基本式

$$dG = Vdp - SdT \tag{2}$$

から

$$V_{m\alpha}dp - S_{m\alpha}dT = V_{m\beta}dp - S_{m\beta}dT \tag{3}$$

である．この式を整理すると

$$\frac{dp}{dT} = \frac{S_{m\beta} - S_{m\alpha}}{V_{m\beta} - V_{m\alpha}} \tag{4}$$

となる．ここで，$S_{m\beta} - S_{m\alpha}$ は，α 相から β 相への相転移に伴う 1 mol あたりのエントロピー変化である．これは，相転移エンタルピー $\Delta_{trs}H$ と次の関係にある．

$$\Delta_{trs}H = T\Delta_{trs}S = T(S_{m\beta} - S_{m\alpha}) \tag{5}$$

式(4)，(5)から

$$\frac{dp}{dT} = \frac{\Delta_{trs}H}{T(V_{m\beta} - V_{m\alpha})} \tag{6}$$

が得られる．

この節のキーワード

相境界線，クラペイロンの式

ル体積（1 mol あたりの体積）である．この式を**クラペイロンの式（Clapeyron equation）**という．次節で水を例にとってこの式を適用してみよう．

この節のキーワード
クラウジウス-クラペイロンの式

11-6　水の蒸発

水を容器に入れ，大気圧下で加熱し，沸騰させることを考える．ただし温度はほぼ 100 ℃である．圧力 p のときに水が沸騰する温度を T とし，2 相(水と水蒸気)をそれぞれ L，G で表す．このとき，クラペイロンの式は

$$\frac{\mathrm{d}p}{\mathrm{d}T} = \frac{\Delta_{\mathrm{vap}}H}{T(V_{\mathrm{mG}} - V_{\mathrm{mL}})} \tag{11-7}$$

となる[*4]．気体のモル体積（1 mol あたりの体積）は液体のモル体積よりもはるかに大きいので

*4　蒸発を英語で vaporization というので，蒸発の前後の変化を Δ_{vap} と表す．

$$V_{\mathrm{mG}} - V_{\mathrm{mL}} \approx V_{\mathrm{mG}} \tag{11-8}$$

と近似できる．また，水蒸気が理想気体であるとすれば，クラペイロンの式は

$$\frac{\mathrm{d}p}{\mathrm{d}T} = \frac{\Delta_{\mathrm{vap}}H}{TV_{\mathrm{mG}}} = \frac{\Delta_{\mathrm{vap}}H}{TV_{\mathrm{mG}}} = \frac{p\Delta_{\mathrm{vap}}H}{RT^2} \tag{11-9}$$

より

$$\frac{1}{p}\frac{\mathrm{d}p}{\mathrm{d}T} = \frac{\Delta_{\mathrm{vap}}H}{RT^2} \tag{11-10}$$

となる．

$$\frac{1}{p}\frac{\mathrm{d}p}{\mathrm{d}T} = \frac{\mathrm{d}\ln p}{\mathrm{d}p}\frac{\mathrm{d}p}{\mathrm{d}T} = \frac{\mathrm{d}\ln p}{\mathrm{d}T} \tag{11-11}$$

であるから，気液の相境界線に対して，

$$\frac{\mathrm{d}\ln p}{\mathrm{d}T} = \frac{\Delta_{\mathrm{vap}}H}{RT^2} \tag{11-12}$$

が得られる．これを**クラウジウス-クラペイロンの式（Clausius-Clapeyron equation）**という．

蒸発エンタルピーの温度変化がないと仮定すると，この式は

$$\int_{p^\ominus}^{p} \mathrm{d}\ln p = \frac{\Delta_{\mathrm{vap}}H}{R}\int_{T_\mathrm{b}^\ominus}^{T}\frac{\mathrm{d}T}{T^2} \tag{11-13}$$

より

$$\ln\frac{p}{p^\ominus} = \frac{\Delta_{\mathrm{vap}}H}{R}\left(\frac{1}{T_\mathrm{b}^\ominus} - \frac{1}{T}\right) \tag{11-14}$$

と積分することができる．ただし，$T_\mathrm{b}^\ominus$ は標準沸点である．

気圧 630 hPa で水が沸騰する温度を求めよう．水の通常沸点は 100 ℃，モル蒸発エンタルピーは 40.7 kJ mol^{-1} である．

$$\ln\frac{630\,\mathrm{hPa}}{1013\,\mathrm{hPa}} = \frac{40.7\times10^3\,\mathrm{J\,mol^{-1}}}{8.31\,\mathrm{J\,K^{-1}\,mol^{-1}}}\left(\frac{1}{373.15} - \frac{1}{T}\right) \tag{11-15}$$

これを解くと，$T = 360$ K であり，87℃と求めることができる．

式(11-14)から，ある物質の蒸気圧 p を温度の逆数に対してプロットして傾きを求めれば，その物質の蒸発エンタルピーを求めることができることがわかる[*5]．一方，標準蒸発エントロピーは

$$\Delta_{\mathrm{vap}}S = \frac{\Delta_{\mathrm{vap}}H}{T_\mathrm{b}^\ominus} \tag{11-16}$$

*5　蒸発に伴う吸熱量から $\Delta_{\mathrm{vap}}H$ を直接測定することもできる．

表 11-2　標準蒸発エンタルピーと標準蒸発エントロピー

物質	T_b(K)	$\Delta_{\mathrm{vap}}H$(kJ mol^{-1})	$\Delta_{\mathrm{vap}}S$(J K^{-1} mol^{-1})
He	4.25	0.1	23.5
CCl_4	349.9	30	85.7
Cl_2	239.1	20.41	85.36
HCl	188.11	16.2	56.1
H_2	20.39	0.904	44.3
H_2O	373.15	40.66	109
ヘキサン	341.9	28.85	84.4
シクロヘキサン	353.85	30.1	85.1
ベンゼン	353.25	30.8	87.2
メタン	111.65	8.118	73.2
H_2S	212.75	18.7	87.9
アセトン	329.7	29	88
エタノール	351.7	38.6	110
酢酸	391.4	24.4	62.3
ブタン	272.7	21.29	78.1
フェノール	455.1	48.5	107

から求めることができる．

多くの物質について，標準蒸発エントロピーはほぼ同じ値（〜85 J K^{-1} mol^{-1}）をとる（表 11-2）．これを**トルートンの規則（Trouton's rule）**という．トルートンの規則は，多くの液体について，蒸発の際にほぼ同じ体積変化を示すことからきている．例外には水素やヘリウムなどの沸点が非常に低い物質，エタノール，水，酢酸など，水素結合や会合構造をもつ物質がある．低沸点物質では気化したときの体積が小さいためにエントロピー変化が小さくなる．水，エタノールなどの水素結合性物質は，液体状態での結合が強いために液体のエントロピーが低くなり，その結果，蒸発エントロピーが大きくなる．酢酸については，気相でも二量体を形成しているので気相のエントロピーが小さくなる．そのため酢酸の蒸発エントロピーは小さくなる．

この節のキーワード
水の融解

11-7　水の融解

固液共存曲線について前節と同じくクラペイロンの式を用いて考えてみよう．液体をL，固体をSで表す．圧力 p のときの水の融解温度を T とすると

$$\frac{\mathrm{d}p}{\mathrm{d}T} = \frac{\Delta_{\mathrm{fus}}H}{T(V_{\mathrm{mL}} - V_{\mathrm{mS}})} \tag{11-17}$$

である．ここで，$\Delta_{\mathrm{fus}}H$ は水の融解エンタルピー（6.01 kJ mol^{-1}），V_{mL}，V_{mS} はそれぞれ液相，気相のモル体積（1 mol あたりの体積）である．水のモル体積は氷よりも小さいので，右辺分母の $V_{\mathrm{mL}} - V_{\mathrm{mS}}$ は負の値であり，$\frac{\mathrm{d}p}{\mathrm{d}T} < 0$ となる．これは，圧力をかけると融点が高くなることを示している．さまざまな物質の中でこのような性質をもつ物質は少ない．水は身近な物質だが，他の物質と比べて特異な性質をもっている．

例題 11-3　圧力 10 MPa における氷の融点を求めよ．ただし，0 ℃における水，氷の密度をそれぞれ 0.9998，0.9167 g cm^{-3} とする．

解答　水のモル体積を SI 単位で求めると，

$$\frac{18\ \mathrm{g\ mol^{-1}}}{0.9998\ \mathrm{g\ cm^{-3}} \times 10^{6}\ \mathrm{cm^{3}\ m^{-3}}} = 1.80036 \times 10^{-5}\ \mathrm{m^{3}\ mol^{-1}} \tag{11-18}$$

である．同様にして氷のモル体積を求めると

$$\frac{18\,\mathrm{g\,mol^{-1}}}{0.9167\,\mathrm{g\,cm^{-3}} \times 10^6\,\mathrm{cm^3\,m^{-3}}} = 1.96356 \times 10^{-5}\,\mathrm{m^3\,mol^{-1}} \qquad (11\text{-}19)$$

これをクラペイロンの式に代入する．

$$\frac{\mathrm{d}p}{\mathrm{d}T} = \frac{6.01 \times 10^3\,\mathrm{J\,mol^{-1}}}{273.15\,\mathrm{K} \times (1.80036 - 1.96356) \times 10^{-5}\,\mathrm{m^3\,mol^{-1}}}$$
$$= -1.3481 \times 10^6\,\mathrm{Pa\,K^{-1}} \qquad (11\text{-}20)$$

ここで，$\mathrm{J} = \mathrm{N\,m}$ より，$\mathrm{J\,m^{-3}} = \mathrm{N\,m^{-2}} = \mathrm{Pa}$ の単位換算を行った．0 ～ 10 MPa の範囲 $\frac{\mathrm{d}p}{\mathrm{d}T}$ が一定だとすると

$$\Delta T = \frac{10 \times 10^6\,\mathrm{Pa}}{-1.3481 \times 10^6\,\mathrm{Pa\,K^{-1}}} = -0.7418\,\mathrm{K}$$

したがって，圧力 10 MPa のときの融点は

$$273.15\,\mathrm{K} - 0.7418\,\mathrm{K} = 272.41\,\mathrm{K}$$

と求まる．

章末問題

1 次の系の独立成分の数と自由度を求めよ．

(1) 食塩水が水蒸気と平衡になっている．

(2) 食塩水の飽和溶液に食塩が沈殿しており，水蒸気と平衡になっている．

2 下の相図において，A，B，C 点の独立成分の数と自由度を求めよ．また，A 点の状態にある系を加熱していったときに起こる変化について述べよ．

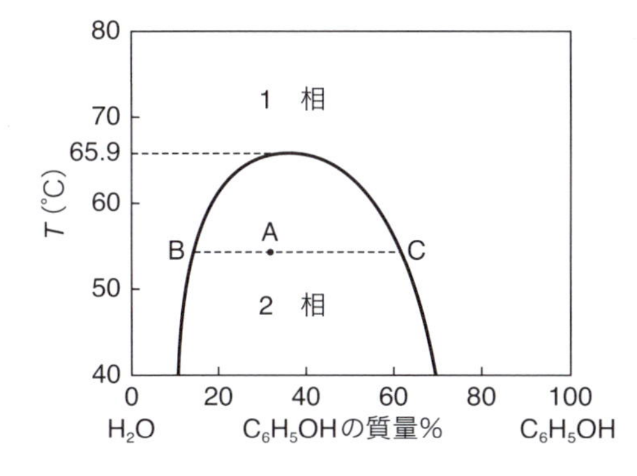

3　気圧が 900 hPa のときの水の沸点を求めよ．

4　下図は二酸化炭素（CO_2）の相図である．この図から，十分に充填された CO_2 のボンベの中には液体と気体の CO_2 が入っていることを説明し，常温（20 ℃）でのボンベ内の圧力を示せ．

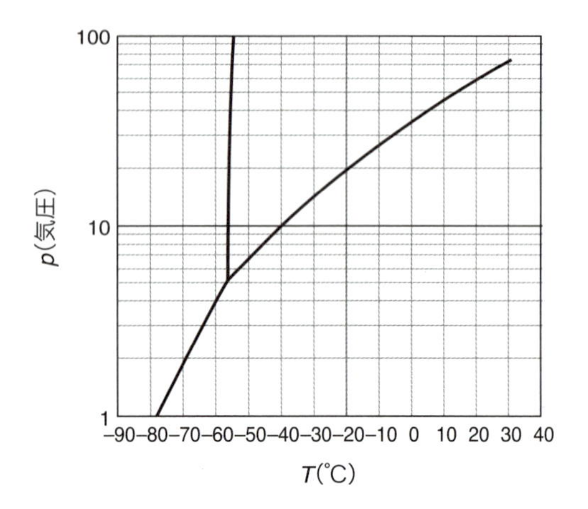

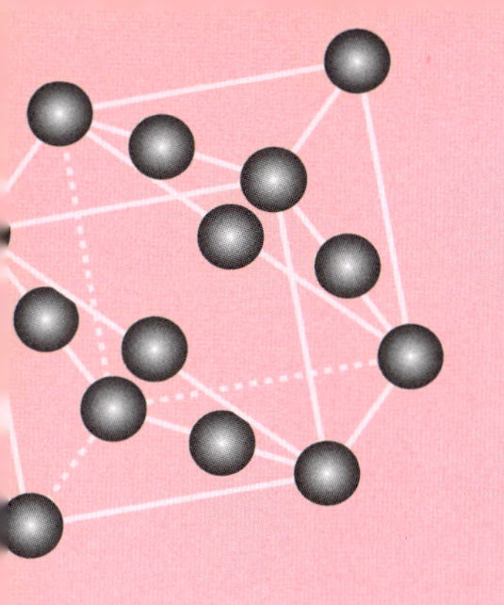

第12章 酸と塩基

Acid and Base

この章で学ぶこと

この章では，酸と塩基について考える．紅茶にレモンの絞り汁を入れると色が変わるなど，酸と塩基のかかわる反応は身近にあふれている．また，酸性雨の問題など，社会的な問題の理解にも酸塩基の理解が役立つ．酸，塩基を化学的に考えるとき，3つの定義が使われている．これらを確認しながら，酸，塩基とその反応について考えていこう．

12-1 酸・塩基

この節のキーワード
酸，塩基，H^+ の授受，電離度

この章では，**酸(acid)** と **塩基(base)** について考える．酸，塩基とその反応(中和反応)は化学実験の定番であり，指示薬のきれいな色とその変化を見たことのある人も多いだろう．一方，酸，塩基は化学を学ぶうえで，姿を変えながらたびたび登場する重要な概念である．たとえば，多くの有機化学反応は酸，塩基によって触媒される．また，水溶液中の金属イオンの性質は水溶液の酸，塩基の度合い(後述する pH)によって非常に異なる．これらを理解するためには，酸，塩基についてしっかり学ぶ必要がある．

また，酸，塩基は身の回りで活躍している．食酢やかんきつ類の酸味は，酸の性質である．また，胃液の中には酸である塩酸が含まれており，食物の分解を助けている．近年の環境変化による酸性雨は植物の生育を妨げる点で厄介だ．一方，石けんは塩基の一種であるし，化学工業で広く使われている水酸化ナトリウムは典型的な塩基である．

酸,塩基とは何だろうか．物質の性質から考えた場合は次のようになる．

酸：なめると酸っぱい，リトマス紙を赤くする．

塩基：酸と反応して酸性を失わせる，リトマス紙を青くする．

酸，塩基について化学的に考えるときは，上のようなあいまいな定義ではなく，議論の前提となる明確な定義が必要だ．酸，塩基の定義にはいくつかの種類があるが，今日，一般に用いられる定義は次の3種類である．

プロトンの実態
水溶液中ではプロトン H^+ は水分子と結合したオキソニウムイオン H_3O^+，またはさらに水和したイオン，$H_3O^+(H_2O)_n$ として存在する．本書ではこれらのイオンを総称して H^+ と書く．

◆アレニウスの定義◆
酸：水に溶けてプロトン H^+ を放出するもの
塩基：水に溶けて OH^- を放出するもの

◆ブレンステッドの定義[*1]◆
酸：H^+ を放出するもの
塩基：H^+ を受け取るもの

*1　ブレンステッド–ローリーの定義と呼ばれることも多い．

◆ルイスの定義◆
酸：電子対を受け取るもの
塩基：電子対を与えるもの

それぞれの定義において，対象として考えている物質の範囲が異なっている．以下の節で順番に見ていこう．12-2 ～ 12-4 節では，アレニウスの定義によって酸と塩基について議論する．12-5 節でその議論を拡張することのできるブレンステッドの定義について述べる．中学，高校ではこれらの2つを学んだ．ルイスの定義はブレンステッドの定義を広げ，酸，塩基の概念をさらに拡張したものである．ルイスの定義については 12-6 節以降で考える．

12-2　アレニウスの酸，塩基

この節のキーワード
アレニウスの酸・塩基，電離

アレニウスの酸，塩基の定義は以下の通りである．

酸：水に溶けて H^+ を放出するもの
塩基：水に溶けて OH^- を放出するもの

酸の例として塩酸を考えよう．塩化水素 HCl は，水溶液中では次のように**電離(ionization)**している．

電離
電気的に中性な（電荷をもっていない）分子が陽イオンと陰イオンに分かれることを電離という．

$$HCl + H_2O \longrightarrow H_3O^+ + Cl^- \qquad (12\text{-}1)$$

このように，水に溶けてプロトンを放出しているので塩化水素は酸である．また，硫酸 H_2SO_4 は

$$H_2SO_4 + H_2O \longrightarrow H_3O^+ + HSO_4^- \quad (12\text{-}2)$$
$$HSO_4^- + H_2O \longrightarrow H_3O^+ + SO_4^{2-} \quad (12\text{-}3)$$

のように電離する．HClはプロトンを1つ，H_2SO_4はプロトンを2つ放出することができる．この数を酸の**価数（valence）**という．塩酸は1価の酸，硫酸は2価の酸というように使う．

一方，塩基の例として水酸化ナトリウムNaOHを考える．水酸化ナトリウムを水に溶かすと

$$NaOH \longrightarrow Na^+ + OH^- \quad (12\text{-}4)$$

のように電離してOH^-を放出するので水酸化ナトリウムは塩基である．塩基についても価数が定義できる．水酸化カルシウムは

$$Ca(OH)_2 \longrightarrow CaOH^+ + OH^- \quad (12\text{-}5)$$
$$CaOH^+ \longrightarrow Ca^{2+} + OH^- \quad (12\text{-}6)$$

のように2つのOH^-を放出することができるので，2価の塩基である．

塩基酸，酸塩基
1価の塩基と同物質量で過不足なく反応する，という意味で1価の酸を1塩基酸と呼ぶ．硫酸は2塩基酸だ．同様に，アンモニアは1酸塩基，水酸化カルシウムは2酸塩基の一種である．わかりにくい呼称かもしれないが，使われることがあるので覚えておこう．

12-3 酸，塩基の強さ

この節のキーワード
強酸，強塩基，弱酸，弱塩基

水溶液中のに塩化水素HClを溶かすとほぼ100%の分子がH^+とCl^-に電離する．このような酸を強い酸（**強酸，strong acid**）という．同様に，水酸化ナトリウムNaOHは水溶液中でほぼ100%電離してNa^+とOH^-になっている．このような塩基を強い塩基（**強塩基，strong base**）という．これらに対して，酢酸やアンモニアはそれぞれ酸と塩基であるが，溶液中で1%ほどしか電離しない．つまり，これらの溶液中にはそれぞれ

$$CH_3COOH + H_2O \rightleftarrows H_3O^+ + CH_3COO^- \quad (12\text{-}7)$$
$$NH_3 + H_2O \rightleftarrows NH_4^+ + OH^- \quad (12\text{-}8)$$

のような平衡がある．これらの平衡は左側に偏っており，中性では電離しているものの割合が1%ほどしかない．このような酸，塩基をそれぞれ**弱酸（weak acid）**，**弱塩基（weak base）**という[*2]．

*2 酸，塩基の強弱は価数とは関係がない．

酸，塩基の強弱は，酸や塩基が水溶液中でどのくらい電離しているかによって考える．それを定量的に表すのが**電離度（ionization degree）**であり，αで表す．電離度は，酸（塩基）の全物質量に対する電離した酸（塩基）の物質量の割合である．酢酸を例にとって考えよう．

$$CH_3COOH + H_2O \rightleftarrows H_3O^+ + CH_3COO^- \quad (12\text{-}9)$$

物質の濃度を，化学式を[ ]ではさむことで表現すると，電離度は

$$\alpha = \frac{[CH_3COO^-]}{[CH_3COOH] + [CH_3COO^-]} \tag{12-10}$$

と定義される．α は0から1までの数である．強酸，強塩基では α の値は1となる．

さらに細かく見ていこう．電離していないときの酢酸の物質量を c [mol L^{-1}] とする．このとき，電離によって CH_3COO^- イオンの濃度は $c\alpha$ [mol L^{-1}] となる．

$$
\begin{array}{lccc}
 & CH_3COOH + H_2O & \rightleftharpoons H_3O^+ + & CH_3COO^- \\
\text{電離前} & c & 0 & 0 \\
\text{電離後} & c(1-\alpha) & c\alpha & c\alpha
\end{array} \tag{12-11}
$$

この反応の平衡定数を K とすると

$$K = \frac{[H_3O^+][CH_3COO^-]}{[CH_3COOH][H_2O]} \tag{12-12}$$

である．希薄溶液について考えるときは H_2O の濃度 $[H_2O]$ は一定とみなせるので

$$K_a = \frac{[CH_3COO^-][H_3O^+]}{[CH_3COOH]} \tag{12-13}$$

は一定値となる．この値を**酸解離定数（acid dissociation constant）**または**電離定数（ionization constant）**という[*3 *4]．電離度 α を用いて電離定数を計算すると

$$K_a = \frac{c\alpha \times c\alpha}{c(1-\alpha)} \tag{12-14}$$

となる．酢酸は弱酸であり，α は十分に小さいので

$$1 - \alpha \approx 1 \tag{12-15}$$

と近似しよう．すると

$$K_a = c\alpha^2 \tag{12-16}$$

であるから

$$\alpha = \sqrt{\frac{K_a}{c}} \tag{12-17}$$

*3　酸，塩基を考えるときは平衡定数として単位 $(\mathrm{mol\,L^{-1}})^n$ をもつものを考える．

*4　多くの酸，塩基について酸解離定数が測定されており，「化学便覧」などにのっている．本に出ている値は通常 $pK_a = -\log_{10} K_a$ である（12-8節参照）．

が得られる．

塩基についても同様の計算をしておこう．アンモニアの電離平衡は

$$NH_3 + H_2O \rightleftarrows NH_4^+ + OH^- \tag{12-18}$$

である．このとき，電離度 α は

$$\alpha = \frac{[NH_4^+]}{[NH_3] + [NH_4^+]} \tag{12-19}$$

である．α は 0 から 1 までの数である．アンモニア全体の濃度が c [mol L^{-1}]であったとすると，NH_4^+ の濃度は $c\alpha$ [mol L^{-1}]である．

	$NH_3 + H_2O$	$\rightleftarrows$	NH_4^+	$+ OH^-$
電離前	c		0	0
電離後	$c(1-\alpha)$		$c\alpha$	$c\alpha$

(12-20)

この反応の電離定数を K_b とすると，

$$K_b = \frac{[NH_4^+][OH^-]}{[NH_3]} = \frac{c\alpha \times c\alpha}{c(1-\alpha)} = \frac{c\alpha^2}{1-\alpha} \tag{12-21}$$

である．アンモニアは弱塩基なので酢酸の場合と同様の近似を行うと

$$K_b = c\alpha^2 \tag{12-22}$$

であるから

$$\alpha = \sqrt{\frac{K_b}{c}} \tag{12-23}$$

となる．

例題 12-1　酢酸の酸解離定数は 1.7×10^{-5} mol L^{-1} (pK_a = 4.76) である．0.1 mol L^{-1} の酢酸の電離度を求めよ．

解答　式(12-17)より

$$\alpha = \sqrt{\frac{K_a}{c}} = \sqrt{\frac{1.7 \times 10^{-5}\ \mathrm{mol\ L^{-1}}}{0.1\ \mathrm{mol\ L^{-1}}}} = 1.3 \times 10^{-3} \tag{12-24}$$

この節のキーワード
水のイオン積，pH

12-4　水の電離と pH

溶液が酸性であるか，塩基性であるかを示す指標である **pH** について述べる．そのためには，まず水自身の電離について考える必要がある．純水または水溶液の中で，水分子は以下のような電離平衡にある．

$$H_2O \rightleftharpoons H^+ + OH^- \qquad (12\text{-}25)$$

この平衡の平衡定数を K とすると，

$$K = \frac{[H^+][OH^-]}{[H_2O]} \qquad (12\text{-}26)$$

である．水の電離平衡は H_2O 側に偏っているので，H_2O の濃度は一定とみなしてよい．したがって

$$K_w = [H^+][OH^-] \qquad (12\text{-}27)$$

は温度によって定まる一定値をとる．この値，K_w を**水のイオン積（ionic product of water）**という．水のイオン積は，25 ℃においてはおよそ 10^{-14} [$(\mathrm{mol\,L^{-1}})^2$]の値をとる．純水では H^+ と OH^- の濃度は等しいので

水のイオン積の温度変化
$K_w/10^{-14}$ の値は温度によって変化する．0.185 (5 ℃)，0.451 (15 ℃)，1.01 (25 ℃)，2.09 (35 ℃)．この値が 1 でない温度においては，中性溶液（H^+ と OH^- の濃度が等しい溶液）の pH は 7 ではない．

$$[H^+] = [OH^-] = 10^{-7}\,\mathrm{mol\,L^{-1}} \qquad (12\text{-}28)$$

である．

水のイオン積は，酸性，または塩基性の溶液でも一定値をとる．濃度 0.1 mol L^{-1} の塩酸の水溶液について，H^+ と OH^- の濃度を考えてみよう．塩酸は強酸なので，電離度は 1 と考えてよい．したがって

$$[H^+] = [HCl] = 0.1\,\mathrm{mol\,L^{-1}} \qquad (12\text{-}29)$$

である．このとき，水のイオン積は一定値なので

$$[OH^-] = \frac{K_w}{[H^+]} = 10^{-13}\,\mathrm{mol\,L^{-1}} \qquad (12\text{-}30)$$

と求めることができる．同様にして濃度 0.1 mol L^{-1} の水酸化ナトリウムの水溶液について，H^+ と OH^- の濃度を考えてみよう．水酸化ナトリウムは強塩基なので，電離度は 1 と考えてよい．したがって

$$[OH^-] = 0.1\,\mathrm{mol\,L^{-1}} \qquad (12\text{-}31)$$

である．このとき，水のイオン積は一定値なので

$$[H^+] = \frac{K_w}{[OH^-]} = 10^{-13}\,mol\,L^{-1} \quad (12\text{-}32)$$

と求めることができる．

酸性，塩基性の水溶液のどちらもが H^+ を含み，酸性の溶液ほど H^+ の濃度が高いことから，溶液の酸性，塩基性の度合いを H^+ の濃度で表すことができる．このとき，10 の何乗，という数では扱いにくいこと，値が小さいことから，**溶液の酸性度は H^+ の濃度 ($mol\,L^{-1}$) の余対数（対数にマイナスをつけたもの，指数のマイナスをとったもの）で表し，これを pH という**．

$$pH = -\log_{10}([H^+]/mol\,L^{-1}) \quad (12\text{-}33)$$ *5

*5 $[H^+]/mol\,L^{-1}$ は H^+ の濃度，たとえば $0.1\,mol\,L^{-1}$ を単位 $mol\,L^{-1}$ で割って得られる無名数（単位のない量）0.1 を表している．

純水の pH は

$$pH = -\log_{10} 10^{-7} = 7 \quad (12\text{-}34)$$

$0.1\,mol\,L^{-1}$ の塩酸水溶液の pH は

$$pH = -\log_{10} 10^{-1} = 1 \quad (12\text{-}35)$$

$0.1\,mol\,L^{-1}$ の水酸化ナトリウム水溶液の pH は

$$pH = -\log_{10} 10^{-13} = 13 \quad (12\text{-}36)$$

となる．pH の値が 7 のとき，その溶液は中性である．また，7 よりも小さいとき酸性，7 よりも大きいとき塩基性である．

例題 12-2 濃度 $0.2\,mol\,L^{-1}$ の塩酸の pH を求めよ．

解答 $[H^+]/mol\,L^{-1} = 0.2$ であるから，

$$pH = -\log_{10}(0.2) = 0.70 \quad (12\text{-}37)$$

12-5 中和反応

この節のキーワード
中和

酸と塩基の反応を**中和 (neutralization)** という．中和反応が起こると，溶液の酸性，塩基性の性質が失われる．中和反応は，水の電離平衡

$$H_2O \rightleftarrows H^+ + OH^- \quad (12\text{-}38)$$

が著しく左に偏っているために生じる．酸，塩基は溶液中にそれぞれ H^+，

OH^- を放出するため，酸と塩基を混合すると H_2O を生成する反応が進行する．これが中和である．

塩酸と水酸化ナトリウムの反応を見てみよう．この反応はしばしば次のように書かれる．

$$HCl + NaOH \longrightarrow NaCl + H_2O \quad (12\text{-}39)$$

しかし，図 12-1 に示すように，NaCl は水溶液中で Na^+ と Cl^- として存在するので，反応の前後で変化がない．したがって，反応の本質のみを書くならば

$$H^+ + OH^- \longrightarrow H_2O \quad (12\text{-}40)$$

となる．これは，アレニウスの定義による酸，塩基の中和反応に共通の反応式となる．

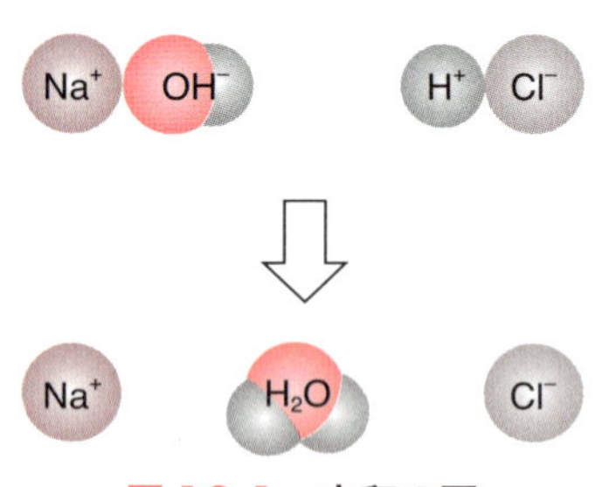

図 12-1　中和の図
Na^+ と Cl^- は変化していない．

塩酸と水酸化ナトリウムを反応させ，反応液から水を除いて乾かすと，塩化ナトリウム NaCl が生じる．このように，中和反応によって生成する，水以外の化合物を**塩(salt)**[*6] という．酢酸と水酸化ナトリウムの反応では，酢酸ナトリウム CH_3COONa という塩が生じる．

*6 「えん」と読む．

$$CH_3COOH + NaOH \rightleftharpoons CH_3COONa + H_2O \quad (12\text{-}41)$$

この場合でも，反応のあとの溶液では，酢酸ナトリウムは CH_3COO^- と Na^+ として存在していること，つまり中和反応の前後で変化していないことに注意が必要である．

中和反応は，H^+ と OH^- が反応して水分子を生じる反応なので，**酸から放出される H^+ の物質量と塩基から放出される OH^- の物質量が等しいときに過不足なく起こる**．このことは，酸，塩基の強弱や価数によらず成り立つ．

例題 12-3 次の 2 つの物質の反応から，どのような塩ができるか．
(1) HCl と NaOH (2) HCl と $Ca(OH)_2$ (3) H_2SO_4 と NH_3

解答
(1) NaCl (2) $CaCl_2$ (3) $(NH_4)_2SO_4$

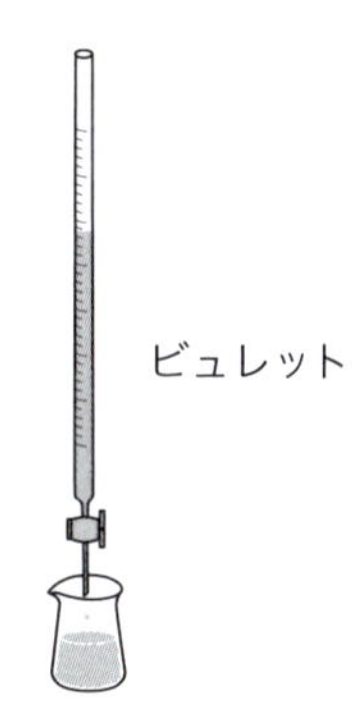

濃度のわかっている酸(または塩基)の溶液を用いて中和反応を行い，過不足なく酸と塩基が反応する点（**中和点，neutralization point**）を求めることによって，反応相手の塩基(または酸)の濃度を測定できる．中和反応による濃度測定は，ビュレットを用いて酸または塩基の溶液を滴下して行うので，**中和滴定(neutralization titration)**と呼ばれる．

中和滴定の一例を示そう．濃度のわからない希硫酸を 10 mL 計りとり，0.1 mol L^{-1} の水酸化ナトリウム水溶液で滴定したところ，12 mL 加えたときに過不足なく中和したとする．このとき，希硫酸の濃度を求めよう．希硫酸の濃度を x mol L^{-1} とすると，10 mL の溶液中の H^+ の物質量は

$$10\,\mathrm{mL} \times 10^{-3}\,\mathrm{L\,mL^{-1}} \times 2x\,\mathrm{mol\,L^{-1}} = 2x \times 10^{-3}\,\mathrm{mol} \tag{12-42}$$

である．一方，12 mL の水酸化ナトリウムから放出される OH^- の物質量は

$$12\,\mathrm{mL} \times 10^{-3}\,\mathrm{L\,mL^{-1}} \times 0.1\,\mathrm{mol\,L^{-1}} = 1.2 \times 10^{-3}\,\mathrm{mol} \tag{12-43}$$

である．これらが等しいので

$$x = 0.6\,\mathrm{mol\,L^{-1}} \tag{12-44}$$

と求まる．

例題 12-4 シュウ酸二水和物，$(COOH)_2 \cdot 2H_2O$ を 1.26 g 計りとって水に溶かし，メスフラスコを用いて 100 mL の溶液とした．ここからホールピペットを用いて 10 mL をコニカルビーカーに移し，濃度のわからない NaOH 水溶液で滴定したところ，5 mL 加えたところで中和点に達した．NaOH 水溶液の濃度を求めよ．

解答 $(COOH)_2 \cdot 2H_2O$ のモル質量は 126 g mol^{-1} である．したがって，シュウ酸二水和物 1.26 g を 100 mL の溶液としたとき，その濃度は

$$\frac{1.26\,\mathrm{g}}{126\,\mathrm{g\,mol^{-1}}} \times \frac{1000\,\mathrm{mL/L}}{100\,\mathrm{mL}} = 0.1\,\mathrm{mol\,L^{-1}} \tag{12-45}$$

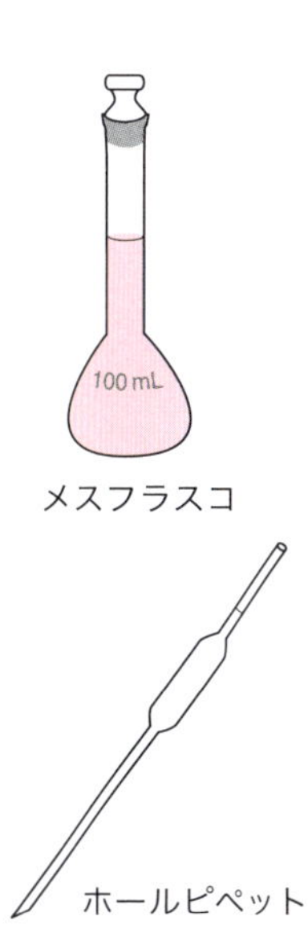

である．したがって，シュウ酸から放出される H^+ の量は

$$\frac{10\,\mathrm{mL}}{1000\,\mathrm{mL/L}} \times 0.1\,\mathrm{mol\,L^{-1}} \times 2 = 2 \times 10^{-3}\,\mathrm{mol} \qquad (12\text{-}46)$$

である．一方，NaOH 水溶液の濃度を $x\,\mathrm{mol\,L^{-1}}$ とすると，NaOH 溶液から放出される OH^- の物質量は

$$x\,\mathrm{mol\,L^{-1}} \times 5\,\mathrm{mL} \times 10^{-3}\,\mathrm{L\,mL^{-1}} = x \times 5 \times 10^{-3}\,\mathrm{mol} \qquad (12\text{-}47)$$

これらが等しいので，$x = 0.4\,\mathrm{mol\,L^{-1}}$ と求められる．

酸(塩基)を，塩基(酸)で滴定するとき，加えた塩基(酸)の量と混合液の pH の関係を示した曲線を**滴定曲線（titration curve）**という．図 12-2 にいくつかの例を示す．pH は中和点の近くで大きく変化する．このため，徐々に溶液を加えていきながら pH を測定することによって中和点を知ることができる．図 12-2 から，**pH が大きく変化する領域の中心が pH7 とは限らない**ことがわかる．これは，中和によって生成する塩の性質による．

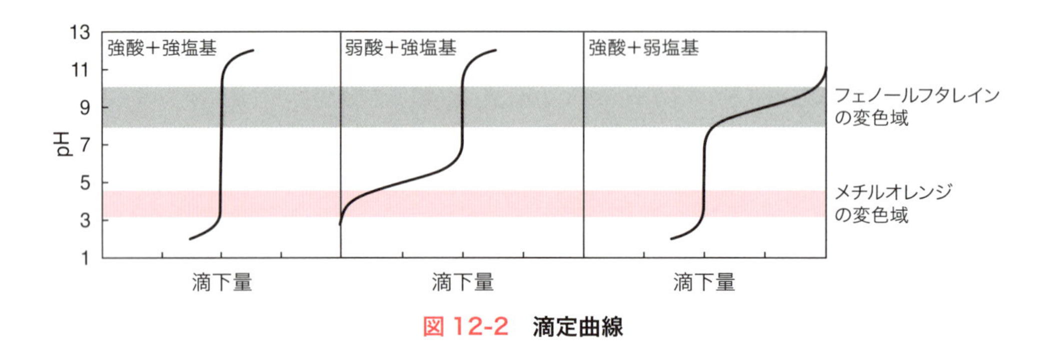

図 12-2　滴定曲線

酸性，塩基性の溶液中で異なる色を示す化合物がある．この化合物を溶液に加えることによって，中和点における pH 変化を溶液の色の変化から判断することができる．この目的で溶液に加える試薬を**指示薬（indicator）**という．指示薬には，メチルオレンジやフェノールフタレインがよく用いられる（図 12-3）．代表的なものが 2 種類あるのは，それぞれの化合物が変色する pH の領域(変色域)が異なるからだ．図 12-2 には，2 つの化合物の変色域も示した．中和点を感度よく測定するためには，pH の変化域が変色域と一致している必要がある．強酸，強塩基の滴定ではどちらの指示薬も使えるが，強酸と弱塩基の場合はメチルオレンジ，弱酸と強塩基の場合はフェノールフタレインが適している．これらの他にもさまざまな指示薬が知られている．

メチルオレンジ

酸性（赤）　SO_3H　N–N　H　N^+

塩基性（黄）　SO_3Na　N=N　N

フェノールフタレイン

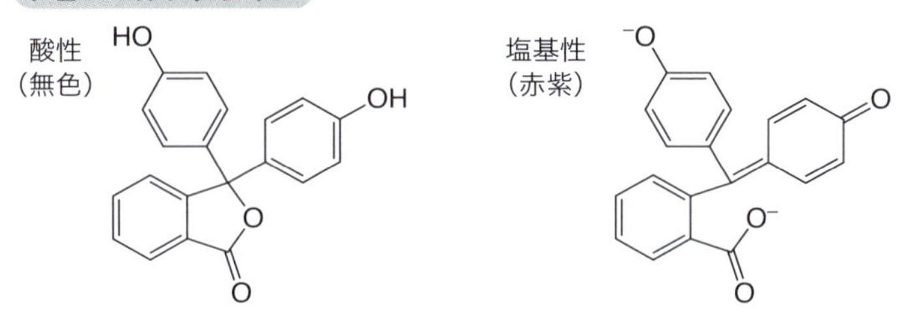

図 12-3　メチルオレンジ，フェノールフタレインの構造式
酸性と塩基性で構造が異なる．

12-6　塩の性質

この節のキーワード
塩（えん）

中和反応で生じる，水以外の化合物を塩という．塩を水に溶かしたとき，溶液が酸性になるか，塩基性になるかは，塩のもととなった酸，塩基の強弱によって次のように決まる．

中性：強酸＋強塩基
酸性：強酸＋弱塩基
塩基性：弱酸＋強塩基

酢酸ナトリウムを例にとって考えてみよう．酢酸ナトリウムは溶液中で次のように電離している．

$$CH_3COONa \longrightarrow CH_3COO^- + Na^+ \qquad (12\text{-}48)$$

ここで，酢酸は弱酸なので

$$CH_3COO^- + H_2O \rightleftarrows CH_3COOH + OH^- \qquad (12\text{-}49)$$

の平衡が若干右に偏る．このため OH^- が溶液中に生じ，塩基性を示すようになる．

塩と酸，塩基は次のように反応する．

強酸＋強塩基の塩：酸，塩基と反応しない
強酸＋弱塩基の塩：強塩基と反応して弱塩基を遊離する

弱酸＋強塩基の塩：強酸と反応して弱酸を遊離する

これも酢酸ナトリウムを例にとって考えてみよう．酢酸ナトリウムの水溶液に塩酸を加える．すると，溶液中に H^+ が生じるので

$$CH_3COO^- + H_3O^+ \rightleftarrows CH_3COOH + H_2O \qquad (12\text{-}50)$$

の平衡が右に偏る．その結果，加えた塩酸とほぼ同じ物質量の酢酸が遊離して溶液中に生じる．炭酸塩の水溶液に強酸を加えた場合，対応する弱酸が炭酸(二酸化炭素が水に溶けたもの)なので，二酸化炭素が気体として溶液から生じる．胃のX線検査をするときに，まず発泡剤を飲む．発泡剤には炭酸水素ナトリウム($NaHCO_3$)が含まれていて，胃液に含まれる塩酸と

$$NaHCO_3 + HCl \longrightarrow NaCl + H_2O + CO_2 \qquad (12\text{-}51)$$

のように反応する．この反応によって胃の中に CO_2 気体を発生させ，胃を膨らませる．

この節のキーワード
ブレンステッドの酸・塩基

12-7 ブレンステッドの酸，塩基

酸：プロトン H^+ を放出するもの
塩基：プロトンを受け取るもの

アレニウスの定義による酸，塩基は水溶液中でしか考えることができない．一方，気相における塩化水素とアンモニアガスの反応

$$HCl + NH_3 \longrightarrow NH_4Cl \qquad (12\text{-}52)$$

や，有機溶媒中の反応など，H^+ や OH^- の水溶液中への放出を伴わない化学反応も含むように，酸塩基反応の考え方を広げたい．そこで，酸，塩基の定義の拡張が行われた．ブレンステッドの定義によれば，酸はプロトン H^+ を放出するもの，塩基はプロトンを受け取るものである．

ブレンステッド酸の例として塩酸をもう一度考えよう．塩化水素 HCl は，水溶液中で次のように電離している．

$$HCl + H_2O \longrightarrow H_3O^+ + Cl^- \qquad (12\text{-}53)$$

このとき，HCl はプロトンを放出しているので，ブレンステッドの定義によって酸である．この反応において，放出されたプロトンを受け取っているのは H_2O である．したがって，ブレンステッドの定義によって H_2O は塩基だということができる．

一方，逆の反応，つまり Cl^- と H_3O^+ との反応によって HCl と H_2O が生じる反応を考えると，Cl^- は H^+ を受け取っているので塩基，H_3O^+ は H^+ を放出しているので酸である．このように，ブレンステッドの酸と塩基の反応では，H^+ の受け渡しによって酸から塩基，塩基から酸ができていることがわかる．少し一般化すると，

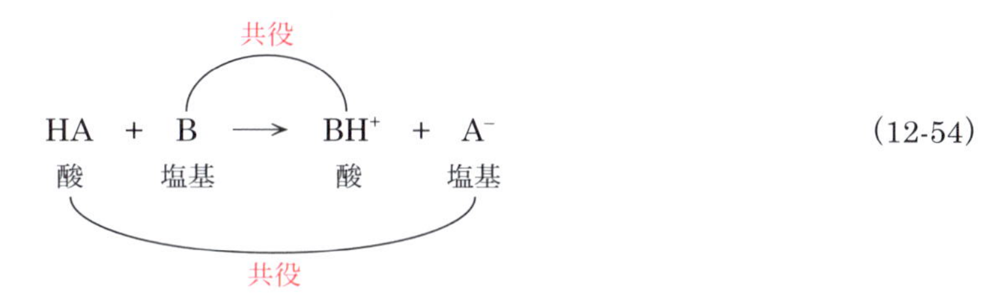

$$HA + B \longrightarrow BH^+ + A^- \quad (12\text{-}54)$$

となる．酸 HA と塩基 B が反応して酸 HB^+ と塩基 A^- が生じている．このとき，酸 HA と塩基 A^- を**共役な酸と塩基（conjugated acid and base）**という（B と BH^+ も同様である）．ブレンステッドの定義による酸，塩基の反応は，2 つの塩基（この場合は A^- と B）がプロトンをやりとりする反応であるということができる．

12-8　酸解離定数

この節のキーワード
酸解離定数，pK_a，pK_b，共役酸，データベース

12-3 節において，酸解離定数を定義した．酢酸の電離

$$CH_3COOH + H_2O \rightleftarrows CH_3COO^- + H_3O^+ \quad (12\text{-}55)$$

においては，酸解離定数は

$$K_a = \frac{[CH_3COO^-][H_3O^+]}{[CH_3COOH]} \quad (12\text{-}56)$$

である．この定数は

$$pK_a = -\log_{10} \frac{[CH_3COO^-][H_3O^+]}{[CH_3COOH]} \quad (12\text{-}57)$$

の値として，データベースに載っている〔たとえば『化学便覧』（丸善）が有名だ〕．

一方，塩基については，その共役酸の pK_a がデータとして報告されている．アンモニアを例にとって示す．アンモニアの電離平衡は

$$NH_3 + H_2O \rightleftarrows NH_4^+ + OH^- \quad (12\text{-}58)$$

である．このとき，電離平衡の平衡定数は

$$K_b = \frac{[NH_4^+][OH^-]}{[NH_3]} \qquad (12\text{-}59)$$

である．この値は通常のデータベースには載っていない．代わりに共役酸の pK_a が出ている．アンモニアの共役酸であるアンモニウムイオンの酸解離反応は

$$NH_4^+ + H_2O \rightleftharpoons NH_3 + H_3O^+ \qquad (12\text{-}60)$$

である．この酸解離定数は

$$K_a = \frac{[NH_3][H_3O^+]}{[NH_4^+]} \qquad (12\text{-}61)$$

である．この式と，水のイオン積

$$K_w = [H_3O^+][OH^-] \qquad (12\text{-}62)$$

を考えると，アンモニアの K_b は

$$K_b = \frac{[NH_4^+][OH^-]}{[NH_3]} = \frac{[NH_4^+]K_w}{[NH_3][H^+]} = \frac{K_w}{K_a} \qquad (12\text{-}63)$$

であり

$$pK_b = pK_w - pK_a \qquad (12\text{-}64)$$

となる．したがって，ブレンステッド塩基についてはその共役酸の pK_a がデータとなっているが，容易に pK_b を計算することができる．

例題 12-5　エチルアミン $C_2H_5NH_2$ の共役酸の pK_a は 10.66 である．エチルアミンの pK_b を求めよ．

解答　式(12-59)より

$$pK_b = pK_w - pK_a = 14 - 10.66 = 3.34 \qquad (12\text{-}65)$$

である．

この節のキーワード
緩衝作用，緩衝溶液

12-9　緩衝作用

人間の血液の pH はいつも 7.4 程度に保たれている．これは，血液中で起こる化学反応が適切に機能するために必要なことである．酸性，塩基性

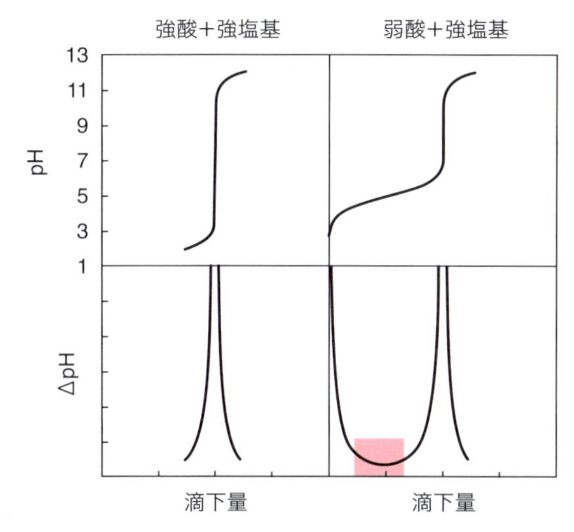

図 12-4 滴定曲線とその微分値
弱酸＋強塩基の場合，赤い部分は滴下量の増減に対して pH の変化が小さくなっている．このような溶液を緩衝溶液という．

の化合物が血液中に入ってきても，少量である限り pH はほぼ一定である．このような溶液を**緩衝溶液（buffer solution）**という．緩衝溶液は，弱酸と強塩基，または強酸と弱塩基の混合物である．弱酸と強塩基の例で考えてみよう．図 12-4 に弱酸と強塩基の滴定曲線を示す．滴定曲線の傾き（微分）を同じ図に示している．このとき，中和点の 1/2 のところで微分値が最小になっていることがわかる．このような組成の溶液では，塩基の少量添加，酸の少量添加（塩基を少量除くのと同じだ）によって pH が大きく変化しない．

酢酸と酢酸ナトリウムの緩衝溶液について考えよう．同じ物質量の酢酸と酢酸ナトリウムを含む溶液があるとする．このとき，酢酸は弱酸なのでその一部が電離しており，酢酸ナトリウムは塩なのでほとんどすべてが電

コラム 血液のpH が変化すると

人間の血液の pH は 7.4 に保たれていることを述べた．何らかの要因によってこの pH が変化すると，重篤な症状が出る．ところで，われわれは呼吸によって酸素を取り込み，二酸化炭素を排出している．酸素は中性，二酸化炭素は酸性の物質なので，呼吸をするたびにわれわれの体は塩基性に偏る．通常はそうならないような調節機構が体内にあることになる．過換気症という症状では，精神的なショックなどによって呼吸が激しくなる．このとき，血液が塩基性になってめまいが起こったり，失神したりすることがある．

離している．

$$CH_3COOH + H_2O \rightleftarrows CH_3COO^- + H_3O^+ \quad (12\text{-}66)$$
$$CH_3COONa \longrightarrow CH_3COO^- + Na^+ \quad (12\text{-}67)$$

ここに少量の酸が加わると，酢酸の平衡が左に偏ることによって H_3O^+ が減少するので，pH の低下は少ない．一方，ここに少量の塩基が加わると，酢酸の平衡が右に偏って H_3O^+ が供給され，pH の増加は少ない．強酸，強塩基の場合はこうはいかない．酸の平衡が完全に右に偏っているので加えた酸，塩基の分だけ H_3O^+ の濃度が変化してしまう．こう考えると，この溶液では酢酸 CH_3COOH が H_3O^+ を貯金していて，足りないときには供給し，多すぎると取り除く効果をもつことがわかる．

この節のキーワード
ルイスの酸・塩基

12-10　ルイスの酸，塩基

酸：電子対を受け取るもの
塩基：電子対を与えるもの

酸，塩基の概念を，プロトンのやり取りよりもさらに広げる考えがルイスの定義による酸，塩基である．アンモニア NH_3 の塩基性について考えてみよう．アンモニアは，水溶液中で下式のように水と反応し溶液中に OH^- を放出するのでアレニウス塩基である．

$$NH_3 + H_2O \longrightarrow NH_4^+ + OH^- \quad (12\text{-}68)$$

また，水からプロトンを受け取っているのでブレンステッド塩基である．一方，アンモニアは，三フッ化ホウ素 BF_3 と反応して 2 分子が結合した化合物 $H_3N{-}BF_3$ を生成する．

$$NH_3 + BF_3 \longrightarrow H_3N{-}BF_3 \quad (12\text{-}69)$$

この反応において，アンモニアはアレニウス，ブレンステッドのどちらの定義でも塩基とはいえない．ルイスの定義によれば，このような反応も酸，塩基反応の枠組みで考えることができる．**ルイスの定義では，電子対を受け取るのが酸，電子対を与えるのが塩基**である．アンモニア NH_3 と BF_3 の反応について考えよう．NH_3 と BF_3 のルイス構造式は図 12-5 のようになる．

窒素原子には非共有電子対があり，BF_3 の中のホウ素原子には空の軌道がある．これらが結合すると，窒素とホウ素で電子が共有され，強固な結合ができる(配位結合)．このようにして NH_3 と BF_3 は結合する．このとき，NH_3 は電子対を与えているのでルイス塩基，BF_3 は電子対を受け取って

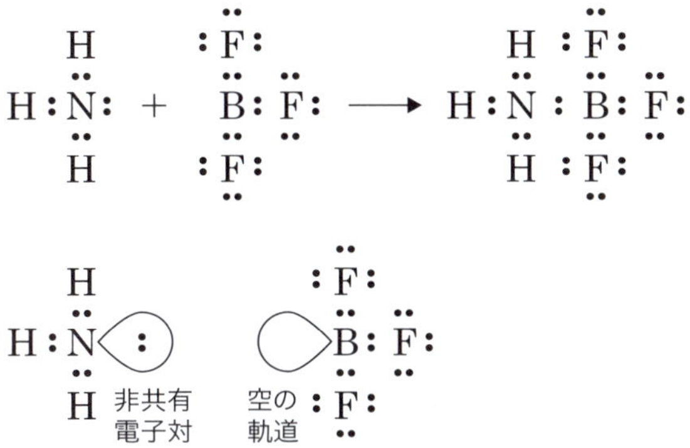

非共有電子対　空の軌道

図 12-5　**NH_3 と BF_3 のルイス構造式**

図 12-6　**SO_3 のルイス構造式**

いるのでルイス酸ということになる．

ルイスの定義によれば，酸から水をとったような化合物（酸無水物，たとえば CO_2 や SO_3）も酸の仲間に入れることができる．SO_3 のルイス構造式は図 12-6 に示す通りであり，空の軌道をもち，アンモニアなどのもつ非共有電子対を受け取って結合を作る．

12-11　酸，塩基の硬さ

この節のキーワード
酸，塩基の硬さ

ルイスの酸，塩基について，結合形成のしやすさを予測することのできる考えがある．それが，**硬い酸・塩基，軟らかい酸・塩基（hard and soft acid and bases）**[*7] の考え方である．このとき，「硬さ」とは分極のしやすさをいう．分極は，分子が電場の中におかれたときにどのくらい電荷が偏るかを示す値である．図 12-7 を参照してイメージをつかもう．

*7　日本語でも HSAB と略記されることがある．

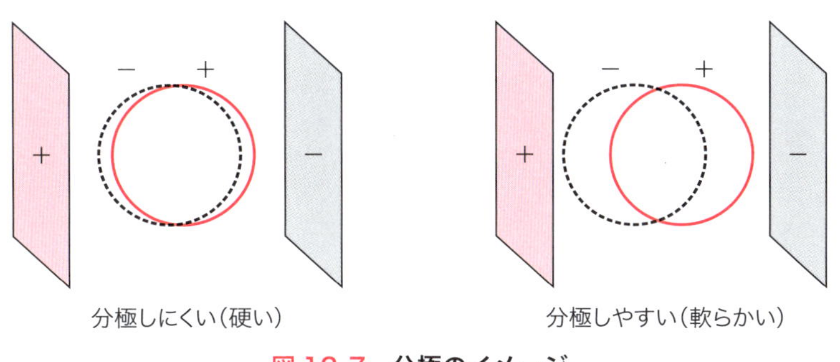

図 12-7　**分極のイメージ**

ルイス酸，塩基の硬さを考えるメリットは，硬い酸は硬い塩基と反応しやすく，軟らかい酸は軟らかい塩基と反応しやすいことにある．表 12-1 に，硬い酸・塩基，軟らかい酸・塩基を示す．一例を示そう．硬い酸である Mg^{2+} は硬い塩基である F^- と反応するが，I^- とは反応しにくい．MgF_2 の

表 12-1　酸，塩基の硬さ，軟らかさ

	硬い	軟らかい
酸	H^+　Na^+　K^+ Mg^{2+}　Ca^{2+} SO_3　BF_3	Cu^+　Ag^+ Pt^{2+}　Hg^{2+} BH_3
塩基	OH^-　F^- CO_3^{2-}　NO_3^- SO_4^{2-} H_2O　NH_3	H^-　CN^-　I^- SCN^- CO　C_6H_6

水への溶解度は8.7 mg/100 gであるのに対し，MgI_2は120 g/100 gであり，MgとFの親和性が高いことを示している．

章末問題

1 アンモニアNH_3の電離定数は5.6×10^{-10} Mである．0.1 Mのアンモニアの電離度を求めよ．

2 濃度0.1 Mの水酸化ナトリウム水溶液のpHを求めよ．

3 次の2つの物質の反応からできる塩を書け．

(1) H_2SO_4とNaOH

(2) HClと C_6H_5—NH_2（アニリン）

4 濃度のわからない酢酸水溶液10 mLをコニカルビーカーに入れて水で薄め，0.4 mol L^{-1}のNaOH水溶液で滴定したところ，20 mL滴下したところで中和点に達した．酢酸水溶液の濃度を求めよ．

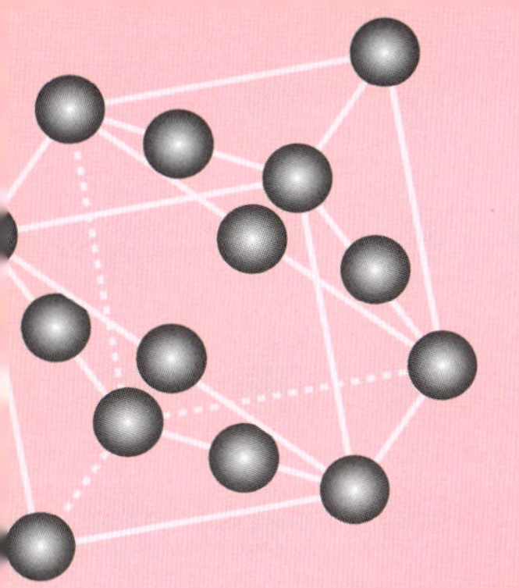

第 13 章 酸化還元と電気化学

Redox and Electrochemistry

この章では酸化と還元について学ぶ．酸化，還元は化学反応の一種であり，つねに同時に起こる．身近に見ることができる代表例は燃焼反応だ．空気中でものが燃えているとき，燃えている物質は酸化され，酸素 O_2 が還元されている．化学の目では，これは物質の間の電子のやりとりと見ることができる．そのあたりの事情について理解しよう．燃焼すると高温になることからもわかるように，酸化還元反応は多くのエネルギーのやりとりを伴う．このため，エネルギーが関与する問題の多くに酸化還元反応が関与している．生き物の生命活動に必要なエネルギーも酸化還元反応から供給されている．

13-1　酸化と還元

この節のキーワード
酸化，還元

人間は原始時代から火を使ってきた．木に火をつけると，明るい光とともに熱が発生する．光は照明に，熱は煮炊きや暖房に利用されてきた．この燃焼という現象が木の中の物質と酸素が結合する化学反応であることがわかったのは 18 世紀のことである．それ以降，燃焼は化学反応の一種として理解できるようになった．物質が酸素と反応することを**酸化（oxidation）**という．「物質 A が酸化された」のようにいうことが多い．酸化の逆反応を**還元（reduction）**という．ある化合物から酸素が失われるとき，その化合物は還元された，という．燃焼反応以外にも身の回りには酸化還元反応があふれている．たとえば消毒に用いるオキシドールは，過酸化水素 H_2O_2 の水溶液である．これは，過酸化水素のもつ，他の物質を酸化する(他の物質に酸素を与える)性質を利用したものである．漂白剤として用いられる次亜塩素酸ナトリウム（NaClO）も同様である．また，使い捨てカイロは，鉄粉が空気によって酸化される反応から発生する熱を利用したものである．

例をあげて酸化反応について考えてみよう．銅の粉を空気中で強熱すると，次の反応が起こる．

$$2Cu + O_2 \longrightarrow 2CuO \tag{13-1}$$

このとき，銅（Cu）は酸素と反応したので酸化されたことになる．一方，酸化銅と炭素の粉を混ぜたものを強熱すると，次の反応が起こる．

$$2CuO + C \longrightarrow 2Cu + CO_2 \tag{13-2}$$

このとき，酸化銅（CuO）は酸素を失ったので還元されている．一方，この反応では炭素が酸素と結合したので，炭素は酸化されている．このように，**酸化と還元は同時に起こる**．

この節のキーワード
酸化還元反応，電子のやりとり

13-2　酸化還元と電子

酸化・還元反応を広くとらえるために（酸素の関与しない反応も含めるために）電子の授受によって酸化還元反応を定義する．つまり，ある反応が起こったときに，**電子を放出した物質を酸化された，電子を受け取った物質を還元された，と定義する**．

銅の酸化反応を例にとって考えてみよう．銅は，銅の原子が集まってできている．銅の原子は互いに等価であり，電荷の偏りがないので，銅原子上の電荷は0である．一方，反応によって生成する酸化銅CuOにおいては，CuとOの電気陰性度の差が大きい（Cu：1.9，O：3.5）ので，CuとOの間で電子が移動し，イオン結合になっている．この場合は2つの電子が移動するので，CuOは$Cu^{2+}O^{2-}$のような電子配置になっている．

ここでCu原子に注目すると，CuがCuOに変化するときに，Cu原子の上の電荷は0から2+に増加している．これは，反応によってCu原子が電子を2つ失ったことを示している．このように，**注目する物質から電子が失われたとき，その物質は酸化されたと考える**ことができる．一方，O原子に注目すると，反応によってO原子上の電荷は0から−2に減少している．これはO原子が電子を2つ受け取ったことを示している．したがって，O原子はこの反応によって還元されたことになる．

このように，化学反応によって電子のやり取りが生じる場合，この反応を酸化還元反応と呼ぶ．電子の総数は反応によって変化しない．つまり，電子はある物質から他の物質に移るので，酸化と還元は同時に起こることがわかる．

13-3　酸化数

この節のキーワード
酸化数

銅の酸化反応では，電子の移動が明らかであった．しかし，化学反応によって電子が完全に移動しない場合でも，電子の偏りが生じる場合にはこれを酸化還元反応と考える．たとえば，炭素が酸素と結合して二酸化炭素を生じる反応

$$C + O_2 \longrightarrow CO_2 \tag{13-3}$$

においては，生成した二酸化炭素は完全にイオン化した $O^{2-}C^{4+}O^{2-}$ のような状態にはなっていない．しかし，炭素原子と酸素原子に電気陰性度の差がある（C：2.5，O：3.5）ので，炭素原子から酸素原子へ若干の電子の偏りが生じ，$O^{\delta-}C^{\delta+}O^{\delta-}$ のような状態になっている*1．このような場合も酸化還元反応とみなす．統一的に理解するために，以下に示す**酸化数（oxidation number）**に基づいて酸化還元反応を考える．

酸化数は原子ごとに整数値を定める．その値は表 13-1 のように決める．

*1　δは「わずかの量」の意味で用いている．

表 13-1　酸化数の決め方

規　則	例
(1) 単体の酸化数は 0 とする．	O_2(O：0)，Cu(Cu：0)
(2) 単原子イオンの酸化数はそのイオンの価数とする．	Na^+(Na：+1)，Cl^-(Cl：−1) Mg^{2+}(Mg：+2)
(3) 化合物中の水素原子の酸化数は +1 とする．ただしアルカリ金属やアルカリ土類金属と水素の化合物の場合は −1 とする．	H_2O(H：+1)，CH_4(H：+1) NaH(H：−1)，CaH_2(H：−1)
(4) 化合物中の酸素原子の酸化数は −2 とする．ただし過酸化物(H_2O_2 など)の場合は −1 とする．	H_2O(O：−2) H_2O_2(O：−1)
(5) 化合物中のハロゲン原子の酸化数は −1 とする．ただしそれよりも電気陰性度の大きな原子との化合物の場合は +1 とする．	NaCl(Cl：−1) FCl(F；−1，Cl；+1)
(6) 化合物中の各原子の酸化数の総和は 0 に等しい．	CaH_2(Ca：+2)，CH_4(C：−4)
(7) 多原子イオン中の各原子の酸化数の総和はそのイオンの価数に等しい．	SO_4^{2-}(S：+6)，NH_4^+(N：−3)

例題 13-1　次の化合物においてカッコ内に示した原子の酸化数はいくらか．

(1) CuO (Cu)　(2) Cu_2O (Cu)　(3) MnO_2 (Mn)
(4) $KMnO_4$ (Mn)

解答

(1) 酸素原子の酸化数が −2，化合物中の酸化数の総和が 0 なので Cu の酸化数は +2 である．

(2) 酸素原子の酸化数が −2，化合物中の酸化数の総和が 0 なので Cu_2 の酸化数は +2 である．したがって，Cu の酸化数は +1 である．

(3) 酸素原子の酸化数が −2，化合物中の酸化数の総和が 0 なので Mn の酸化数は +4 である．

(4) 酸素原子の酸化数が −2，K はこの化合物では価数 +1 をとっているので酸化数は +1 である．化合物中の酸化数の総和が 0 なので Mn の酸化数は +7 である．

酸化銅と炭素の反応を例にとって，反応前後の酸化数の変化について考える．化学反応式は

$$2CuO + C \longrightarrow 2Cu + CO_2 \qquad (13\text{-}4)$$

である．反応前の各原子の酸化数は Cu：+2，O：−2，C：0 である．反応後の酸化数は，Cu：0，O：−2，C：+4 である．したがって，酸化数の変化は Cu：+2 → 0，O：−2（変化なし），C：0 → +4 である．この反応では，Cu の酸化数が減り，C の酸化数が増えているので，Cu は還元され，C が酸化されていることがわかる．

酸化，還元された原子を含む物質についても，その物質が酸化，還元された，という．酸化銅と炭素の反応においては，Cu 原子が還元されているので，物質 CuO が還元された，という．

例題 13-2 次の反応において，酸化された原子と還元された原子はそれぞれどれか．

(1) $2\,CuO + C \longrightarrow 2\,Cu + CO_2$

(2) $Cu + Cl_2 \longrightarrow CuCl_2$

(3) $CH_2{=}CH_2 + H_2 \longrightarrow CH_3{-}CH_3$

解答

(1) 酸化された原子：C（酸化数 0 → +4），還元された原子：Cu（酸化数 +2 → 0）

(2) 酸化された原子：Cu（酸化数 0 → +2），還元された原子：Cl（酸化数 0 → −1）

(3) 酸化された原子：H_2 の H（酸化数 0 → +1），還元された原子：C（酸化数 −2 → −3）

13-4　酸化剤と還元剤

この節のキーワード
酸化剤，還元剤，半反応式

酸化還元反応において，反応する相手を酸化する物質を**酸化剤(oxidant)**，反応する相手を還元する物質を**還元剤(reductant)**という．この定義から，酸化剤は反応によって還元され，還元剤は反応によって酸化されることがわかる．酸化銅と炭素の反応を例に取れば，CuO が酸化剤，C が還元剤である．

例題 13-3　次の反応について，酸化剤と還元剤はそれぞれどれか．

(1) $2\,CuO + C \longrightarrow 2\,Cu + CO_2$

(2) $Cu + Cl_2 \longrightarrow CuCl_2$

(3) $CH_2{=}CH_2 + H_2 \rightarrow CH_3{-}CH_3$

解答

(1) 酸化剤：CuO，還元剤：C

(2) 酸化剤：Cl，還元剤：Cu

(3) 酸化剤：$CH_2{=}CH_2$，還元剤：H_2

ある酸化還元反応があったとき，電子の授受を考えに入れて，酸化剤のみ，還元剤のみの反応に分けて考えることができる[*2]．銅と酸素の反応

$$2Cu + O_2 \longrightarrow 2CuO \quad (13\text{-}5)$$

について考えてみよう．この反応で，銅原子から 2 個の電子が放出され，酸素原子がそれを受け取っている．そこでこの反応を，電子(e^-)を用いて 2 つに分け，次のように書くことができる．

$$Cu \longrightarrow Cu^{2+} + 2e^- \quad (13\text{-}6)$$

$$O_2 + 4e^- \longrightarrow 2O^{2-} \quad (13\text{-}7)$$

このように書くと，Cu が酸化され，O が還元されていることがわかりやすい．ただし，実際に自由な電子が現れ，移動しているわけではないので注意が必要だ．このようにして実際の反応を 2 つに分けた反応式を**半反応式(half reaction)**という．

酸化剤，還元剤の起こす反応の半反応式は，反応によらず一定である場合が多い(相手によって変わる場合もある)．代表的な酸化剤，還元剤の水溶液中における半反応式を表 13-2 に示す．

表 13-2 において，過酸化水素と二酸化硫黄は酸化剤，還元剤の両方に現れている．これは，これらの物質が，反応する相手によって酸化剤とし

*2　実際の反応では酸化と還元が同時に進行する．それでも分けて考えるのは，半反応を組み合わせることでさまざまな反応を理解できるからだ．

表 13-2　酸化剤，還元剤の水溶液中での半反応式

酸化剤，還元剤		半反応式
酸化剤	オゾン O_3	$O_3 + 2H^+ + 2e^- \rightarrow O_2 + H_2O$
	過酸化水素 H_2O_2	$H_2O_2 + 2H^+ + 2e^- \rightarrow 2H_2O$
	塩素 Cl_2	$Cl_2 + 2e^- \rightarrow 2Cl^-$
	過マンガン酸カリウム $KMnO_4$	$MnO_4^- + 8H^+ + 5e^- \rightarrow Mn^{2+} + 4H_2O$
	二クロム酸カリウム $K_2Cr_2O_7$	$Cr_2O_7^{2-} + 14H^+ + 6e^- \rightarrow 2Cr^{3+} + 7H_2O$
	濃硝酸 HNO_3	$HNO_3 + H^+ + e^- \rightarrow NO_2 + H_2O$
	希硝酸 HNO_3	$HNO_3 + 3H^+ + 3e^- \rightarrow NO + 2H_2O$
	熱濃硫酸 H_2SO_4	$H_2SO_4 + 2H^+ + 2e^- \rightarrow SO_2 + 2H_2O$
	二酸化硫黄 SO_2	$SO_2 + 4H^+ + 4e^- \rightarrow S + 2H_2O$
還元剤	ナトリウム Na	$Na \rightarrow Na^+ + e^-$
	過酸化水素 H_2O_2	$H_2O_2 \rightarrow O_2 + 2H^+ + 2e^-$
	硫化水素 H_2S	$H_2S \rightarrow S + 2H^+ + 2e^-$
	硫酸鉄(II) $FeSO_4$	$Fe^{2+} \rightarrow Fe^{3+} + e^-$
	チオ硫酸ナトリウム $Na_2S_2O_3$	$2S_2O_3^{2-} \rightarrow S_4O_6^{2-} + 2e^-$
	二酸化硫黄 SO_2	$SO_2 + 2H_2O \rightarrow SO_4^{2-} + 4H^+ + 2e^-$

ても還元剤としても働きうるからである．表 13-2 を用いて酸化剤と還元剤を組み合わせると，実際に起こる酸化還元反応を知ることができる．例として，過酸化水素の過マンガン酸カリウムによる酸化反応について考えてみよう．相手が過マンガン酸カリウムである場合は，過酸化水素は還元剤として働く．したがって化学反応式は 2 つの半反応式

$$MnO_4^- + 8H^+ + 5e^- \longrightarrow Mn^{2+} + 4H_2O \tag{13-8}$$

$$H_2O_2 \longrightarrow O_2 + 2H^+ + 2e^- \tag{13-9}$$

から作る．実際の反応において電子 e^- が現れることはないので，これらの式から電子が消去されるようにする．過マンガン酸イオンの半反応式を 2 倍，過酸化水素の半反応式を 5 倍すると

$$2MnO_4^- + 16H^+ + 10e^- \longrightarrow 2Mn^{2+} + 8H_2O \tag{13-10}$$

$$5H_2O_2 \longrightarrow 5O_2 + 10H^+ + 10e^- \tag{13-11}$$

となる．これらの式を加えると

$$2MnO_4^- + 16H^+ + 10e^- + 5H_2O_2 \longrightarrow 2Mn^{2+} + 8H_2O + 5O_2 + 10H^+ + 10e^- \tag{13-12}$$

となる．整理すると[*3]

$$2MnO_4^- + 6H^+ + 5H_2O_2 \longrightarrow 2Mn^{2+} + 8H_2O + 5O_2 \tag{13-13}$$

*3　両辺に $10e^-$ があるので消去できる．

である．これでもイオン式としては正しいが，出発物質を用いて書き直せば，

$$2KMnO_4 + 3H_2SO_4 + 5H_2O_2 \longrightarrow 2MnSO_4 + 8H_2O + 5O_2 + K_2SO_4 \quad (13\text{-}14)$$

として，完全な化学反応式が得られる．

例題 13-5　表 13-2 を用いて，二酸化硫黄を二クロム酸カリウムで酸化するときの反応式を書け．

解答　化学反応式は 2 つの半反応式

$$Cr_2O_7^{2-} + 14H^+ + 6e^- \longrightarrow 2Cr^{3+} + 7H_2O \quad (13\text{-}15)$$

$$SO_2 + 2H_2O \longrightarrow SO_4^{2-} + 4H^+ + 2e^- \quad (13\text{-}16)$$

から作る．これらの式から電子が消去されるように変形する．二クロム酸イオンの半反応式はそのまま，過酸化水素の半反応式は 3 倍にして書くと

$$Cr_2O_7^{2-} + 14H^+ + 6e^- \longrightarrow 2Cr^{3+} + 7H_2O \quad (13\text{-}17)$$

$$3SO_2 + 6H_2O \longrightarrow 3SO_4^{2-} + 12H^+ + 6e^- \quad (13\text{-}18)$$

となる．これらの式を加えると，

$$Cr_2O_7^{2-} + 14H^+ + 6e^- + 3SO_2 + 6H_2O \rightarrow 2Cr^{3+} + 7H_2O + 3SO_4^{2-} + 12H^+ + 6e^- \quad (13\text{-}19)$$

となる．整理すると

$$Cr_2O_7^{2-} + 2H^+ + 3SO_2 \longrightarrow 2Cr^{3+} + H_2O + 3SO_4^{2-} \quad (13\text{-}20)$$

である．これでもイオン式としては正しいが，出発物質を用いて書き直せば

$$K_2Cr_2O_7 + H_2SO_4 + 3SO_2 \longrightarrow Cr_2(SO_4)_3 + H_2O + K_2SO_4 \quad (13\text{-}21)$$

として，完全な化学反応式が得られる．

13-5 電　池

この節のキーワード
電池，陽極，陰極，塩橋，ダニエル電池

酸化還元反応を利用して電流を得る装置を**電池（battery）**という．電池は酸化反応の起こる電極である**陽極（アノード，anode）**と還元の起こる

電極である**陰極（カソード，cathode）**をつないだものである．電極は電解液に浸っている．アノードとカソードが異なる電解液に浸っている場合は，これらを**塩橋（salt bridge）**でつなぐ必要がある．塩橋は，KCl などの濃厚溶液を寒天などのゲル*3 として固めたものである．塩橋を使うと，K^+ や Cl^- の移動によって電流は流れるが電極での反応物は流れないので，塩橋は反応を妨げない．

*4　ゼリー状の半固体物質のこと．

電池を化学式で表す場合，相の境界線を縦線で表記する．左側に酸化反応の起こる電極(陽極)，右側に還元反応の起こる電極(陰極)を示す．塩橋は縦の二重線で示す．たとえば**ダニエル電池（Daniell cell）**は次のように表す．

$$Zn(s) \mid ZnSO_4(aq) \parallel CuSO_4(aq) \mid Cu(s) \tag{13-22}$$

ダニエル電池は亜鉛の棒を硫酸亜鉛水溶液に浸した陽極と銅の棒を硫酸銅水溶液に浸した陰極をつなぎ，2つの溶液を塩橋でつないだものである，ということがこの式からわかる(図 13-1)．

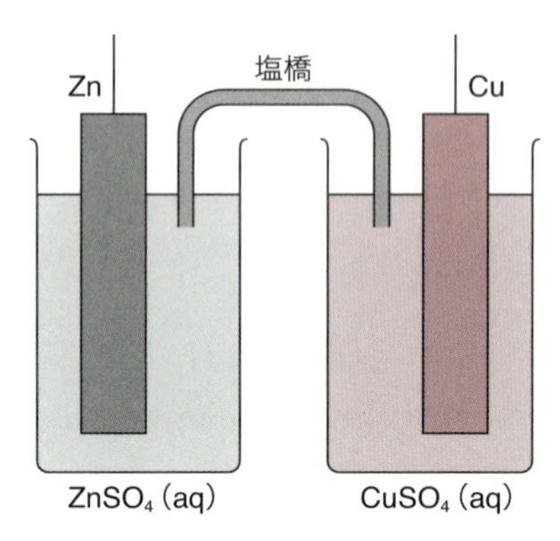

図 13-1　ダニエル電池

ダニエル電池において，陽極と陰極で起こる化学反応はそれぞれ以下の通りである．陽極が酸化反応，陰極が還元反応であることを確認しよう．

陽極：　$Zn(s) \longrightarrow Zn^{2+}(aq) + 2e^-$　(13-23)

陰極：　$Cu^{2+}(aq) + 2e^- \longrightarrow Cu(s)$　(13-24)

これらの反応を半反応と呼ぶ．2つを合わせた全体としては

$$Zn(s) + Cu^{2+}(aq) \longrightarrow Zn^{2+}(aq) + Cu(s) \tag{13-25}$$

の反応が起こっている．

13-6　起電力

この節のキーワード
起電力，内部抵抗，標準起電力

ダニエル電池において，亜鉛の陽極と銅の陰極をつなぐと，電流が流れる．電流が流れるのは，電極間に電位差があるからである．電極は，それぞれ固有の電位をもつ．一方，電池を含む回路に電流が流れると，電池内の抵抗(**内部抵抗，internal resistance**)によって電極間の電位差が小さくなる．電流を流さない状態での電極間の電位差をその電池の**起電力(electromotive force)**という．

電池の起電力は，電池反応に関与する物質の濃度(**活量，activity**)によって変化する．電池反応に関与するすべての物質の活量が1であるような電池の起電力を**標準起電力(standard electromotive force)**という．

13-7　標準電極電位

この節のキーワード
標準電極電位，標準水素電極

1つの電極を溶液に浸したものを半電池という．種類の異なる2つの半電池の電極をつないだものが電池である．実験からは，電池を構成する2つの電極間の電位差(起電力)しか求めることができない．そこで，標準となる電極を設定して電位を0とおき，その電極との電位差から半電池の電位を決める．標準となる電極としては，**標準水素電極（standard hydrogen electrode)**が採用されている．これは，1気圧の水素気体と活量1の H^+ をもつ水素電極である．その構造を図13-2に示す．

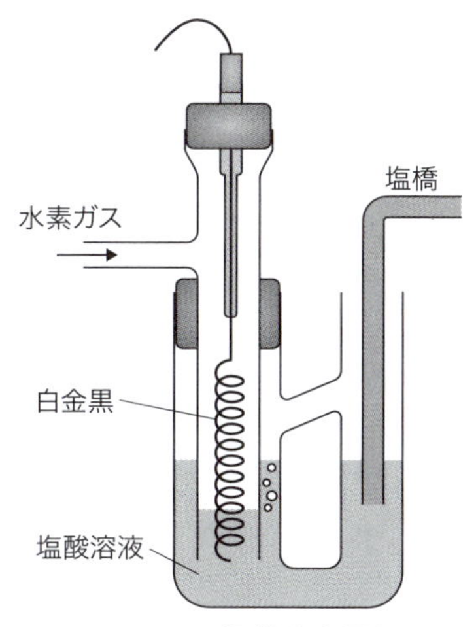

図13-2　標準水素電極

電極反応に関与する物質の活量がすべて1という状態のときの標準水素電極に対する電極電位をその電極の**標準電極電位（standard electrode potential)**という．標準電極電位の値が大きいものほど還元

活量
実在の溶液を理想的溶液として扱うために濃度の代わりに用いる量を活量という．

されやすく，小さいものほど酸化されやすい．金属では，値が小さなものほどイオン化傾向が大きい．標準電極電位のわかっている2つの電極から電池を作った場合，その電池の標準起電力は，右の半電池の標準電極電位から左の半電池の値を引いて計算することができる．表13-3を参照すれば，ダニエル電池の25℃における標準起電力は

$$0.3419 - (-0.7618) = 1.1037\,\mathrm{V} \tag{13-26}$$

と計算できる．

ダニエル電池において，反応は

$$\mathrm{Zn(s)} + \mathrm{Cu^{2+}(aq)} \longrightarrow \mathrm{Zn^{2+}(aq)} + \mathrm{Cu(s)} \tag{13-27}$$

のように起こる．これは，Znのほうが Cu よりもイオンとして安定であることを示している．この，イオンへのなりやすさを**イオン化傾向 (ionization tendency)** という．表13-3から，いろいろな元素をイオン化傾向の順に並べたものを**イオン化列 (ionization series)** という．イオン化列は次のようになる．

K Ca Na Mg Al Zn Fe Ni Sn Pb H_2 Cu Hg Ag Pt Au

K　Ca Na　Mg Al Zn Fe Ni Sn　Pb H2 Cu Hg Ag　Pt Au
「貸(そう)かな，まああてにするなひどすぎる借金」の語呂合わせが有名だ．

表 13-3 標準電極電位

電　極	電極反応	$E^{\ominus}$/V
$Li^+\|Li$	$Li^+ + e^- = Li$	−3.045
$K^+\|K$	$K^+ + e^- = K$	−2.925
$Ca^{2+}\|Ca$	$Ca^{2+} + 2e^- = Ca$	−2.84
$Na^+\|Na$	$Na^+ + e^- = Na$	−2.714
$Mg^{2+}\|Mg$	$Mg^{2+} + 2e^- = Mg$	−2.356
$Al^{3+}\|Al$	$Al^{3+} + 3e^- = Al$	−1.676
$Zn^{2+}\|Zn$	$Zn^{2+} + 2e^- = Zn$	−0.7618
$Fe^{2+}\|Fe$	$Fe^{2+} + 2e^- = Fe$	−0.44
$Ni^{2+}\|Ni$	$Ni^{2+} + 2e^- = Ni$	−0.257
$Sn^{2+}\|Sn$	$Sn^{2+} + 2e^- = Sn$	−0.1375
$Pb^{2+}\|Pb$	$Pb^{2+} + 2e^- = Pb$	−0.1263
$H^+\|H_2, Pt$	$2H^+ + 2e^- = H_2$	0
$Cu^{2+}\|Cu$	$Cu^{2+} + 2e^- = Cu$	0.340
$Hg_2{}^{2+}\|Hg$	$Hg_2{}^{2+} + 2e^- = 2Hg$	0.7960
$Ag^+\|Ag$	$Ag^+ + e^- = Ag$	0.7991
$Pt^+\|Pt$	$Pt^{2+} + 2e^- = Pt$	1.188
$Au^{3+}\|Au$	$Au^{3+} + 3e^- = Au$	1.52

左にあるほど，イオン化しやすい元素である．

イオン化傾向が水素よりも大きい元素は H^+ よりもイオンになりやすい．したがって，そのような金属元素の単体は酸性溶液中で溶けてイオン化し，水素を発生する．亜鉛を例にとって示せば，次のようになる．

$$Zn(s) + 2H^+(aq) \longrightarrow Zn^{2+}(aq) + H_2(g) \tag{13-28}$$

イオン化傾向と，第 2 章で学んだイオン化ポテンシャルは，どちらも原子から電子を取り出すのに必要なエネルギーだ．しかし両者には本質的な違いがある．イオン化ポテンシャルは，周りに何もない真空中の原子から電子を取り出すために必要なエネルギーである．それに対して，イオン化傾向は単体金属と水和イオンのエネルギー差の順を示している．この順番は，イオンが水によって安定化される度合いや，原子が金属中で安定化される度合いによって複雑な影響を受けている．

不動態

水素よりもイオン化傾向が高いが，酸に溶けない金属もある．アルミニウム，鉄，ニッケルを濃硝酸に浸すと，表面のみが反応して緻密な酸化物の膜を生じる．このため，それ以上の反応が進行せず，固体が溶けることはない．この状態を**不動態（passive state）**という．

13-8 電気分解

この節のキーワード
電気分解

電池は，化学反応によって電流（電気エネルギー）を取り出す装置であった．この逆に，電気エネルギーを与えることによって化学反応を起こすことができる．これを**電気分解（electrolysis）**という．電気分解には，溶液中のイオンが反応する場合と，電極が反応する場合がある．これらはイオンや電極の標準電極電位（イオン化傾向）によって決まる．

溶液中のイオンが反応する例を見てみよう．白金を電極として，希硫酸 H_2SO_4 を電気分解すると，次の反応が起こる．

陰極： $2H^+ + 2e^- \longrightarrow H_2(g)$ (13-29)

陽極： $2H_2O \longrightarrow O_2(g) + 4H^+ + 4e^-$ (13-30)

電流は電源の正極から負極に流れる．電子の流れは電流と逆である．したがって，陰極から溶液に電子が流れ込み，溶液から陽極に電子が流れ込む．このため，陰極では還元，陽極では酸化反応が起こる（図 13-3）．

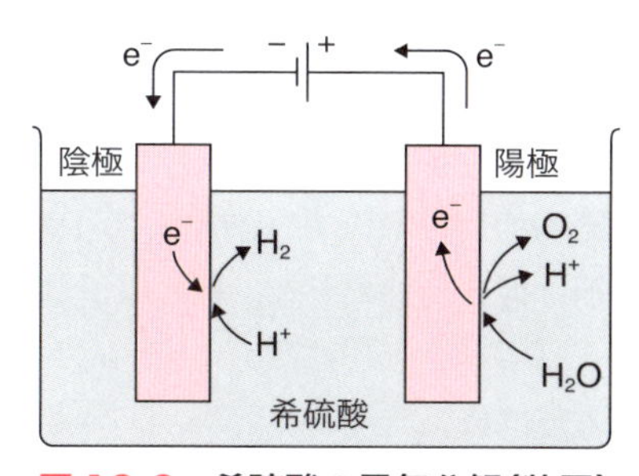

図 13-3 希硫酸の電気分解（装置）

水溶液に溶けている物質や電極の種類によって，さまざまな電気分解反応が起こる．たとえば，塩化銅(II)水溶液に銅の電極を差し込んで電気分解反応を行うと

陰極： $Cu^{2+} + 2e^- \longrightarrow Cu(s)$ (13-31)

陽極： $2Cl^- \longrightarrow Cl_2(g) + 2e^-$ (13-32)

の反応が起こる．このとき，陰極には金属の銅が析出する．また，陽極では塩素ガスが発生する．

工業的にも電気分解が利用されている．アルミニウムを工業的に作る場合には，ボーキサイト Al_2O_3 を溶融して電気分解する．

陰極： $Al^{3+} + 3e^- \longrightarrow Al(s)$ (13-33)

陽極： $2O^{2-} \longrightarrow O_2(g) + 4e^-$ (13-34)

アルミニウムの製造には多くの電力を必要とするので，リサイクルが重要だ．

この節のキーワード
ファラデーの法則

13-9 ファラデーの法則

電気分解によって電極で化学反応が起こり，物質が生成する．この物質の量は電気分解の際に流れた電気量(電荷)に比例する．これを**ファラデーの法則（Faraday's law）**という．電気量 Q［C］は，電流が一定の場合，電流 I［A］と電流が流れた時間 t［s］の積となる*5．

$$Q = It \tag{13-35}$$

*5 電流が時間的に変化するなら $Q = \int I\mathrm{d}t$ である．

電気量 Q は，電流として流れた電子の量に比例する．電子1個の電気量(電気素量) e は 1.6×10^{-19} C である．したがって，1 mol の電子の電気量 F は

$$F = eN_A = 1.6 \times 10^{-19}\,\mathrm{C} \times 6.02 \times 10^{23}\,\mathrm{mol^{-1}} = 9.65 \times 10^4\,\mathrm{C\,mol^{-1}} \tag{13-36}$$

となる．この値 F をファラデー定数という．ファラデー定数を用いることにより，電気分解で生成する物質の量を求めることができる．

例題 13-6 塩化銅（II）水溶液を電気分解して 1 A の電流を 10 分間流した．生成する銅は何 g か．ただし，銅の原子量を 63.5 とする．

解答 銅を生成する反応は

$$Cu^{2+} + 2e^- \longrightarrow Cu$$

であり，2 mol の電子に対して 1 mol の銅が生成する．1 A の電流を 10 分間(600 秒)流すと，電気量は

$$1\,A \times 600\,s = 600\,C \tag{13-37}$$

である．したがって，生成する銅の物質量は

$$\frac{1}{2} \times 600\,C / 9.65 \times 10^4\,C\,mol^{-1} = 600 / 9.65 \times 10^4\,mol \tag{13-38}$$

となる．ここから，生成する銅の質量は

$$\frac{1}{2} \times 600 / 9.65 \times 10^4\,mol \times 63.5\,g\,mol^{-1} = 0.197\,g \tag{13-39}$$

である．

13-10　酸化還元と地球

この節のキーワード
地球大気，鉄鉱床

現在の地球大気は，窒素 80%，酸素 20% と微量気体からなる．これだけの酸素があるので，空気中で燃焼(酸化)反応が起こる．つまり，現在の地球大気は酸化的だといえる．しかし，生命が誕生する前の原始の地球は二酸化炭素に富んでおり，酸素濃度は低かった．生命が誕生し，光合成を開始することによって大気中の酸素濃度が増えてきた．

このことは，海底の鉄鉱床の研究によって裏づけられた．原始地球は還元的環境であったため，海には 2 価の鉄 Fe^{2+} が溶けていた．地球に誕生した生物が進化して二酸化炭素から酸素を作り出すようになると，海は酸化的環境になった．海の中の Fe^{2+} は酸素と反応して Fe^{3+} となり，水酸化物として沈殿した．こうして鉄鉱床が作られた．地球規模で長い時間をかけて起こってきた酸化還元反応の例である．

13-11　酸化還元と生命

この節のキーワード
呼吸，ATP，ADP

光合成という生命現象が地球の大気組成まで変えたことからもわかるように，生き物の体の中では常に酸化還元反応が起こっている．われわれは呼吸することによって体内に酸素を取り込み，酸化反応を起こすことによってエネルギーを得る．その仕組みをごく簡単に見てみよう．

生き物は体の中で酸化反応を起こし，生成するエネルギーを利用する．しかし，燃焼反応のような激しい反応は用いることができない．そこで，穏やかな酸化反応によって ADP から ATP を合成し，必要なときにその ATP を分解することによってエネルギーを取り出す．この意味で，ATP

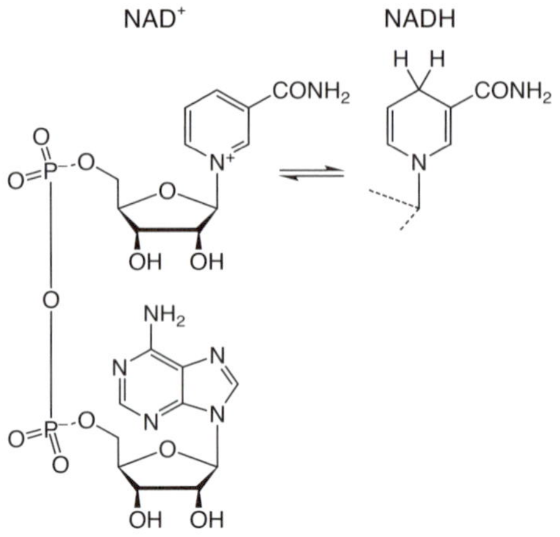

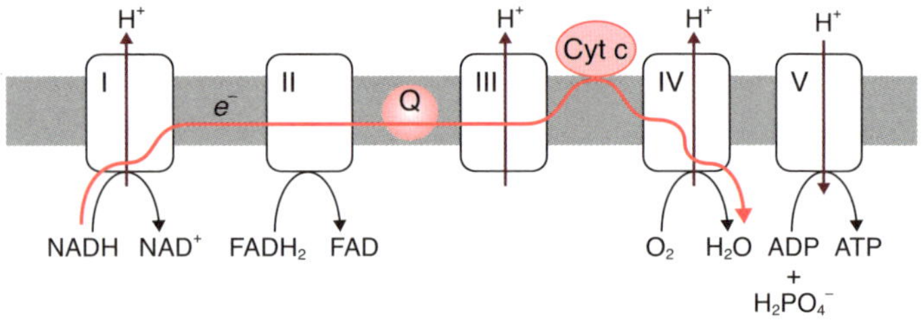

図 13-4　酸化的リン酸化

は「エネルギーの通貨」と呼ばれることがある．

ATP を生体内で合成する道筋のごく一部を見てみよう．次式は酸化的リン酸化と呼ばれる反応の一部である．

$$ADP + H_2PO_4^- + H^+ \longrightarrow ATP + H_2O \qquad (13\text{-}40)$$

反応ギブズエネルギーは正なので，この反応は自発的には進行しない．そこで，NAD^+ や $FADH_2$ という化合物[*6]の酸化反応から得られるエネルギーを使って ATP を作る．その概要を図 13-4 に示す．図中の I ～ V はタンパク質を表している．細胞膜中でこれらのタンパク質が働き（反応を触媒し），ATP が生産されている．

*6　NADH：ニコチンアミドジヌクレオチド，$FADH_2$：フラビンアデニンジヌクレオチド．

章末問題

1　次の化合物において，カッコ内に示した原子の酸化数はいくらか．

(1) $MgCl_2$ (Mg)　(2) $NaHSO_4$ (Na)　(3) K_2CrO_4 (Cr)

(4) $K_2Cr_2O_7$ (Cr)

2　次の反応において，酸化された原子と還元された原子はそれぞれどれか．

$$2KMnO_4 + 3H_2SO_4 + 5H_2O_2 \longrightarrow 2MnSO_4 + 8H_2O + 5O_2 + K_2SO_4 \quad (13\text{-}14)$$

$$Cr_2O_7^{2-} + 2H^+ + 3SO_2 \longrightarrow 2Cr^{3+} + H_2O + 3SO_4^{2-} \quad (13\text{-}20)$$

3　問題 2 の反応において，酸化剤と還元剤はそれぞれどれか．

4　高温で溶融した Al_2O_3 に電極を差し込み，1 A で 10 時間電気分解した．生成するアルミニウムの質量を求めよ．ただし Al の原子量を 27 とする．

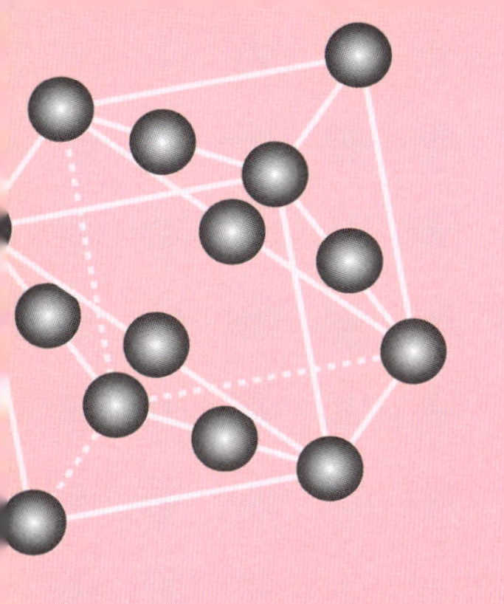

第14章 反応速度

Reaction Rate

この章で学ぶこと

化学反応には，速いものと遅いものがある．酸化反応を例にとると，エンジン内ではガソリンの爆発が1秒に数百回も起きている．一方，鉄が空気中で錆びる反応も酸化反応であるが，これは数日から数年かけて起こる反応だ．化学反応の速さ，つまり反応物や生成物の量の時間変化を反応速度という．この章では，反応速度について考える．まず，反応速度の定義について述べる．反応速度は濃度の時間微分によって定義される．簡単な反応形式について反応速度を積分し，反応物や生成物の時間変化を求める．次に反応速度の温度変化について考察し，反応速度理論と比較する．

14-1　化学反応の速度

この節のキーワード
反応速度，反応速度定数

化学反応が起こると，反応する物質（**反応物，reactant**）は変化して異なる物質（**生成物，product**）になる．つまり，反応物の濃度は時間経過とともに減っていき，生成物の濃度は増えていく．このとき，反応の進行とともに化学種の濃度はどう変化するか，を考えよう．

反応物A，B，…が反応し，生成物A′，B′，…を与える反応式を

$$aA + bB + \cdots \rightarrow a'A' + b'B' + \cdots \tag{14-1}$$

とする．この反応の**反応速度（reaction rate）**は次式で定義される．

$$-\frac{1}{a}\frac{d[A]}{dt} = -\frac{1}{b}\frac{d[B]}{dt} = \cdots = \frac{1}{a'}\frac{d[A']}{dt} = \frac{1}{b'}\frac{d[B']}{dt} = \cdots \tag{14-2}$$

化学反応は反応物がなければ起こらない．したがって，反応物の濃度が0であれば反応速度は0である．また，一般に反応物の濃度が高いほどその変化量である反応速度も大きくなる[*1]．反応速度は次の形になることが多い．

*1 特殊な状況では例外もある．

$$-\frac{1}{a}\frac{d[A]}{dt} = k[A]^{n_A}[B]^{n_B}\cdots \tag{14-3}$$

n_A，n_B は正の整数となることが多い．このとき比例定数 k を**反応速度定数(reaction rate constant)**という．反応速度が式(14-3)のように書けたとき，**反応次数(reaction order)** n を次式で定義する．なお，反応次数が n の反応を **n 次反応(n-th order reaction)**という．

$$n = n_A + n_B + \cdots \tag{14-4}$$

素反応(いろいろな反応の組合せではない反応)の場合は，反応の次数は反応に関与する分子の数を表す．したがって，反応の次数を把握することは反応機構を考えるうえで重要だ．

この節のキーワード
素反応，複合反応，微分形と積分形

14-2 素反応の速度

多くの化学反応では，複数の化学反応が同時に進行している．たとえばガソリンの爆発においては，炭化水素と酸素が反応して二酸化炭素と水が生成するが，その途中では酸素原子 O やラジカル OH などが関与するきわめて多数の反応が起こっている．このようなとき，ひとつひとつの反応を**素反応 (elementary reaction)**，素反応が集まった全体の反応を**複合反応 (complex reaction)** という．この節では素反応の解析法について述べる．

14-2-1 一次反応

反応物 A が周囲と無関係に自分で反応し，生成物を与える反応を**一次反応(first-order reaction)**という．反応式は

$$A \longrightarrow 生成物 \tag{14-5}$$

となる．一次反応では，生成物ができる速度は反応物 A の濃度に比例する．速度定数を k とすると

$$-\frac{d[A]}{dt} = k[A] \tag{14-6}$$

と書ける．$t = 0$ のときの A の濃度を $[A]_0$ とすると次式が得られる[*2]．

*2 式 (14-6) は次のように積分できる．

$$-\frac{d[A]}{dt} = k[A] \tag{1}$$

$$\frac{d[A]}{[A]} = -kdt \tag{2}$$

$$\ln[A] = -kt + C \tag{3}$$

(C は積分定数)

$t = 0$ のとき $[A] = [A]_0$ なので

$$\ln[A]_0 = C \tag{4}$$

したがって

$$\ln[A] = -kt + \ln[A]_0 \tag{5}$$

(C は積分定数)

$$\frac{[A]}{[A]_0} = e^{-kt} \tag{6}$$

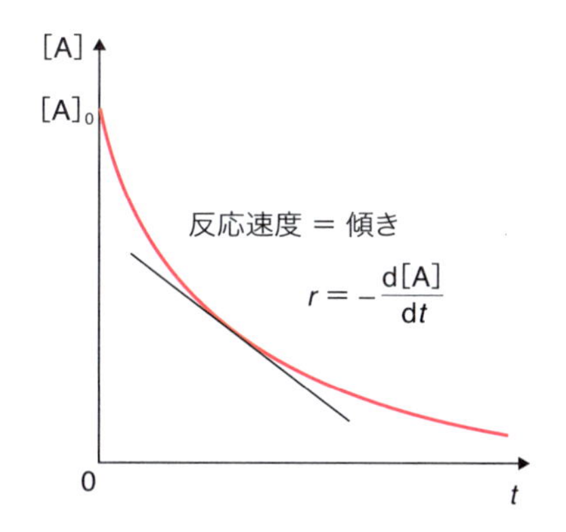

図 14-1　一次反応における反応物の量の変化

$$[A] = [A]_0 e^{-kt} \tag{14-7}$$

式（14-6），（14-7）をそれぞれ反応速度の**微分形，積分形（differential rate law，integral rate law）**という．

> **例題 14-1**　一次反応「A →生成物」が起こっている．反応の速度定数を k とする．時間 $t = 0$ で $[A] = [A]_0$ であったとするとき，A の濃度が 1/2 になる時間(半減期)を求めよ．
>
> **解答**　求める時間を $t_{1/2}$ とすると，式(14-7)より
>
> $$\frac{1}{2}[A] = [A]_0 e^{-kt_{1/2}} \tag{14-8}$$
>
> より
>
> $$t_{1/2} = \frac{1}{k}\ln 2 \tag{14-9}$$

14-2-2　二次反応

反応物 A と B から生成物を与える場合，反応式は次のように書ける．

$$A + B \longrightarrow \text{生成物} \tag{14-10}$$

このような反応では，生成物ができる速度は A と B の濃度の双方に比例する．つまり，反応速度は

$$-\frac{d[A]}{dt} = k[A][B] \tag{14-11}$$

となる．A，B の濃度の次数の和が 2 なので，これを**二次反応（second-**

order reaction)という．この式を積分する．$t=0$ のときのA，Bの濃度をそれぞれ$[A]_0$，$[B]_0$とすると，[A]と[B]の変化量は等しいので

$$[A]-[A]_0=[B]-[B]_0 \tag{14-12}$$

これを式(14-8)に代入すると次式が得られる．

$$-\frac{d[A]}{dt}=k[A]\{[A]-([A]_0-[B]_0)\} \tag{14-13}$$

これを積分すると次のようになる[*3]．

$$\frac{1}{[A]_0-[B]_0}\ln\frac{[A]_0[B]}{[A][B]_0}=kt \tag{14-14}$$

2分子のAが反応して生成物を与える次の反応

$$A+A \longrightarrow 生成物 \tag{14-15}$$

も二次反応である．この場合，反応速度は

$$-\frac{d[A]}{dt}=k[A]^2 \tag{14-16}$$

である．積分形は次のようになる．

$$\frac{1}{[A]}-\frac{1}{[A]_0}=kt \tag{14-17}$$

AとBの反応において，大過剰のBが存在する場合，二次反応を実質的に一次反応として扱う(近似する)ことができる．このように考えるとき，この反応を**擬一次反応(pseudo first-order reaction)**という．

$$A+B\ (大過剰) \longrightarrow 生成物 \tag{14-18}$$

この式を$[B]_0$が[A]に対して非常に多いとして近似して解こう．

$$[B]_0 \gg [A]_0 \quad より \quad [B]\approx[B]_0=定数 \tag{14-19}$$

$$-\frac{d[A]}{dt}=k[B]_0[A] \tag{14-20}$$

これは一次反応の積分と同様に計算することができ，積分形は次のようになる．

$$[A]=[A]_0e^{-k[B]_0t} \tag{14-21}$$

*3　式(14-13)は次のように積分できる．

$$-\frac{d[A]}{dt}=k[A]\{[A]-([A]_0-[B]_0)\} \tag{1}$$

$$\frac{d[A]}{[A]\{[A]-([A]_0-[B]_0)\}}=-kdt \tag{2}$$

$$\frac{1}{[A]_0-[B]_0}\left(\frac{1}{[A]}-\frac{1}{[A]-([A]_0-[B]_0)}\right)d[A]=-kdt \tag{3}$$

$$\frac{1}{[A]_0-[B]_0}\ln\frac{[A]}{[A]-([A]_0-[B]_0)}=-kt+C \tag{4}$$

(Cは積分定数)

$t=0$ のとき $[A]=[A]_0$，$[B]=[B]_0$ なので

$$\frac{1}{[A]_0-[B]_0}\ln\frac{[A]_0}{[B]_0}=C \tag{5}$$

したがって

$$\frac{1}{[A]_0-[B]_0}\ln\frac{[A]}{[A]-([A]_0-[B]_0)}=-kt+\frac{1}{[A]_0-[B]_0}\ln\frac{[A]_0}{[B]_0} \tag{6}$$

$$\frac{1}{[A]_0-[B]_0}\ln\frac{[A]}{[B]}=-kt+\frac{1}{[A]_0-[B]_0}\ln\frac{[A]_0}{[B]_0} \tag{7}$$

$$\frac{1}{[A]_0-[B]_0}\ln\frac{[A][B]_0}{[B][A]_0}=-kt \tag{8}$$

この式は，一次反応の速度定数 k を $k[\mathrm{B}]_0$ に置き換えた式となっている．

14-3 複合反応

この節のキーワード
複合反応，逐次反応，誘導期間，律速段階，定常状態近似，可逆反応，緩和時間，化学緩和法

複合反応は，素反応の組合せとして連立微分方程式を解くことによって積分できる．簡単な形式の反応について複合反応を解析してみよう．

14-3-1 逐次反応

二つ以上の反応が継続して起こる反応を逐次反応という．2 つの一次反応の組合せを考えると次のようになる．

$$\mathrm{A} \xrightarrow{k_1} \mathrm{B} \xrightarrow{k_2} \mathrm{C} \tag{14-22}$$

速度式は

$$\frac{\mathrm{d}[\mathrm{A}]}{\mathrm{d}t} = -k_1[\mathrm{A}] \tag{14-23}$$

$$\frac{\mathrm{d}[\mathrm{B}]}{\mathrm{d}t} = -k_1[\mathrm{A}] - k_2[\mathrm{B}] \tag{14-24}$$

$$\frac{\mathrm{d}[\mathrm{C}]}{\mathrm{d}t} = -k_2[\mathrm{B}] \tag{14-25}$$

反応開始時（$t = 0$）において，$[\mathrm{A}] = [\mathrm{A}]_0$，$[\mathrm{B}] = 0$，$[\mathrm{C}] = 0$ とする．すると，式(14-23)の微分方程式から

$$[\mathrm{A}] = [\mathrm{A}]_0 e^{-k_1 t} \tag{14-26}$$

が得られる．これを式(14-24)に代入して積分すれば

$$[\mathrm{B}] = [\mathrm{A}]_0 \frac{k_1}{k_1 - k_2}(e^{-k_2 t} - e^{-k_1 t}) \tag{14-27}$$

となる．さらに，$[\mathrm{C}] = [\mathrm{A}]_0 - [\mathrm{A}] - [\mathrm{B}]$であるから

$$[\mathrm{C}] = [\mathrm{A}]_0 \left[1 + \frac{k_1}{k_1 - k_2}(k_2 e^{-k_1 t} - k_1 e^{-k_2 t})\right] \tag{14-28}$$

が得られる〔式(14-27)の積分でも得られる．試してみよう〕．

逐次反応(14-22)の各成分の時間変化を図 14-2 に示す．A が指数関数的に減少するのに対して，B は一度増加して減少する傾向をもつ．一方，C は B が蓄積されてから生成するので，反応開始からしばらくはほとんど生成しない．この時間を**誘導期間(induction period)**という．

反応の第一段階が第二段階よりも非常に遅い場合（$k_1 \ll k_2$）を考える．

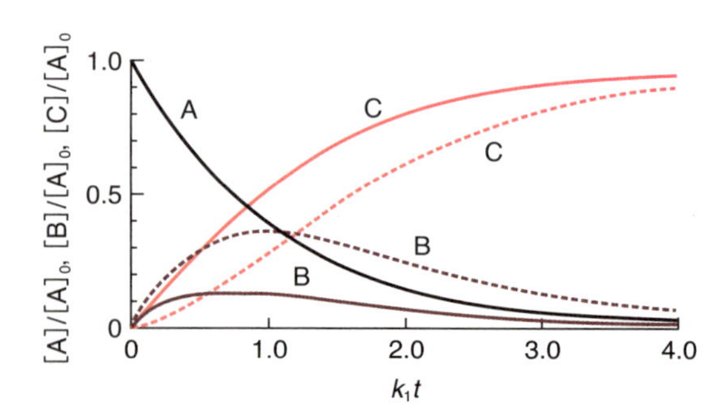

図 14-2　A → B → C の逐次反応における A，B，C の濃度変化
実線は $k_1 = k_2/10$，破線は $k_1 = k_2$ の場合の計算値．

このとき

$$[\mathrm{B}] \approx 0 \tag{14-29}$$

$$[\mathrm{C}] = [\mathrm{A}]0\ (1 - e^{-k_2 t}) \tag{14-30}$$

である．B → C への反応は非常に速いことから，B は活性に富む反応中間体であり，B の濃度は非常に小さいことがわかる．したがって，A から C が生成する速度は k_1 によって定まる．このとき，A → B の反応（遅いほう）を反応の**律速段階(rate determining step)**という．

反応中間体の反応性が高い場合，**定常状態近似（steady-state approximation, stationary-state approximation）**をすることがある．式(14-26)の反応において，反応中間体 B の濃度が一定であるという近似である．このとき

$$\frac{\mathrm{d}[\mathrm{B}]}{\mathrm{d}t} = k_2[\mathrm{B}] - k_1[\mathrm{A}] = 0 \tag{14-31}$$

が成り立つ．すると

$$[\mathrm{B}] = [\mathrm{A}]_0 \frac{k_1}{k_2} e^{-k_1 t} \tag{14-32}$$

$$[\mathrm{C}] = [\mathrm{A}]_0 \left[1 - \left(1 + \frac{k_1}{k_2}\right) e^{-k_1 t}\right] \tag{14-33}$$

となる．これを正確な解である式(14-27)，(14-28)と比較すると

$$k_2 \gg k_1,\ \ t \gg \frac{1}{k_2} \tag{14-34}$$

の条件が近似の成立条件であることがわかる．つまり，定常状態近似は反応中間体の反応速度が大きいとき，反応中間体の濃度が定常に達したあと

の時間領域に対して用いる近似である．

14-3-2 可逆反応

反応物から生成物へ向かう反応とその逆方向の反応がともに起こる場合を，**可逆反応(reversible reaction)**という．一次反応の場合

$$\mathrm{A} \underset{k_-}{\overset{k_+}{\rightleftarrows}} \mathrm{B} \tag{14-35}$$

と書ける．反応速度式は

$$\frac{\mathrm{d}[\mathrm{A}]}{\mathrm{d}t} = -k_+[\mathrm{A}] + k_-[\mathrm{B}] \tag{14-36}$$

となる．$t \to \infty$ で平衡状態に達する．平衡状態では[A]の時間変化は 0 なので，$[\mathrm{A}]_{\mathrm{eq}}$，$[\mathrm{B}]_{\mathrm{eq}}$ をそれぞれ A，B の平衡濃度，K を平衡定数とすると次のようになる．

$$\frac{[\mathrm{B}]_{\mathrm{eq}}}{[\mathrm{A}]_{\mathrm{eq}}} = \frac{k_+}{k_-} = K \tag{14-37}$$

$[\mathrm{A}] + [\mathrm{B}] =$ 一定なので，x を変数として

$$[\mathrm{A}] = [\mathrm{A}]_{\mathrm{eq}} + x \tag{14-38}$$

$$[\mathrm{B}] = [\mathrm{B}]_{\mathrm{eq}} - x \tag{14-39}$$

と書くことができる．このとき，反応速度式(14-36)は

$$\frac{\mathrm{d}x}{\mathrm{d}t} = -(k_+ + k_-)x \tag{14-40}$$

と書ける．積分形は

$$x = x_0 e^{-(k_+ + k_-)t} \quad \text{または} \quad [\mathrm{A}] - [\mathrm{A}]_{\mathrm{eq}} = ([\mathrm{A}]_0 - [\mathrm{A}]_{\mathrm{eq}})\, e^{-(k_+ + k_-)t} \tag{14-41}$$

である．反応初期の A の濃度 $[\mathrm{A}]_0$ と $[\mathrm{A}]_{\mathrm{eq}}$ の差は時間とともにゼロに近づいていくが，その差の値が反応初期から $1/e$ となる時間を**緩和時間(relaxation time)**といい

$$\tau = \frac{1}{k_+ + k_-} = \frac{1}{k_-(1 + K)} \tag{14-42}$$

で与えられる．

平衡定数 K がわかっているとき，系の状態を突然変化させ（たとえば温

度を少し上げる），あたらしい平衡状態になるまでの緩和時間 τ を測定すると式（14-42）から k_- を求めることができる．この手法を用いると，非常に大きな値をもつ速度定数を測定することができる．これは**化学緩和法 (chemical relaxation method)** と呼ばれている．

例題 14-2　次の反応の速度を求めよ．ただし，A の活性状態 A^* については定常状態を仮定せよ．

$$A + M \underset{k_{-1}}{\overset{k_{+1}}{\rightleftarrows}} A^* + M \tag{14-43}$$

$$A^* \longrightarrow \text{生成物} \tag{14-44}$$

解答　A^* に対して定常状態を仮定しているので，

$$\frac{d[B^*]}{dt} = k_{+1}[A][M] - k_{-1}[A^*][M] - k_2[A^*] = 0 \tag{14-45}$$

となる．ここから $[A^*]$ を求めると

$$[A^*] = \frac{k_{+1}[A][M]}{k_{-1}[M] + k_2} \tag{14-46}$$

である．したがって，[A]によって反応速度を表すと

$$-\frac{d[A]}{dt} = k_{+1}[A][M] - k_{-1}[A^*][M] = \frac{k_{+1}[A][M]}{k_{-1}[M] + k_2} \tag{14-47}$$

となる．

この節のキーワード
アレニウス式，活性化エネルギー

14-4　温度と反応速度定数

反応速度定数は温度によって変化する．通常，高温では反応が速くなる．この温度変化は**アレニウス式 (Arrhenius equation)** によって表される．

$$k = A\exp\left(-\frac{E_a}{RT}\right) \tag{14-48}$$

ここで，A を**頻度因子 (frequency factor)**，E_a を**活性化エネルギー (activation energy)** と呼ぶ．R，T はそれぞれ気体定数，温度である．活性化エネルギーは，反応物が生成物になるために乗り越えなければならないエネルギーの障壁を表している．このことをアレニウス式から考察してみよう．アレニウス式の両辺の対数をとり，温度 T で微分すると

$$\frac{\mathrm{d}\ln k}{\mathrm{d}T} = -\frac{E_\mathrm{a}}{RT^2} \tag{14-49}$$

となる．一方，第 8 章で，平衡反応に対して次の式が成り立つことを学んだ．

$$\frac{\mathrm{d}\ln K_\mathrm{p}}{\mathrm{d}T} = -\frac{\Delta_\mathrm{r}H^\ominus}{RT^2} \tag{14-50}$$

K_p，$\Delta_\mathrm{r}H^\ominus$ はそれぞれ反応の平衡定数，標準反応エンタルピーである．この 2 つの式を比較すると，活性化エネルギーは反応物と「何か」のエンタルピー差に相当する量であることがわかる．この「何か」は，反応の過程でほんの一瞬生成する反応物の複合体と考えられている．この複合体を**活性錯合体**（活性錯体，activated complex）と呼ぶ．反応

$$\mathrm{A + BC \longrightarrow AB + C} \tag{14-51}$$

について考えてみよう．A と BC が出会わなければ反応は起こらないので，活性錯合体は A と BC が結合した，$[\mathrm{ABC}]^\ddagger$ のような形と考えられる．$[\mathrm{ABC}]^\ddagger$ は不安定なため AB と C（または A と BC）に壊れてしまう．AB と C のエンタルピー差を E_a と考えると，図 14-3 のようなエネルギー関係が得られる．このように，化学反応をポテンシャルエネルギー上の原子，分子の運動と考えたとき，活性化エネルギーは，反応のために超えなければならないポテンシャルエネルギーの極大値と考えることができる．このときのポテンシャルエネルギーの極大部を**遷移状態（transition state）**と呼ぶ．

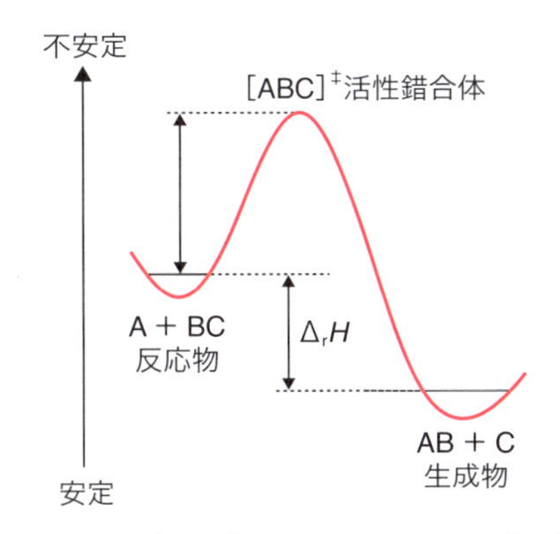

図 14-3　反応のポテンシャルエネルギー曲線

この節のキーワード
触媒，不均一触媒，均一触媒，酵素

14-5 触媒反応

ある物質を化学反応が起きている系に加えたときに反応速度が大きくなり，その物質自体は変化しない場合がある．このようなとき，この物質を**触媒（catalyst）**という．過酸化水素水に二酸化マンガン MnO_2 を加えると酸素が生じる．この反応の前後で MnO_2 は変化しない．したがってこの場合 MnO_2 は触媒である[*4]．MnO_2 は水に溶けないので反応系は不均一である．このような触媒を**不均一触媒（heterogenous catalyst）**という．これに対して，反応系が均一に溶けているときの触媒を**均一触媒（homogenous catalyst）**という．

*4 過酸化水素水は触媒がなくても徐々に分解して酸素を放出している．MnO_2 はその酸素生成の速度を速めている．

触媒反応はさまざまな工業プロセスで実用化されている．身近な例では自動車の排ガス浄化触媒がある．自動車エンジンの排気ガス中には未燃の燃料，窒素酸化物 NO_x，不完全燃焼の結果生じる CO などがわずかずつ含まれている．触媒はこれを無害の CO_2，H_2O，N_2 に変換する反応を速める．高性能触媒を搭載した最近の車は，周りの空気よりもきれいな気体を排気している．

一方，生物の体の中でも触媒が働いている．**酵素（enzyme）**と呼ばれる物質群だ．たとえば，だ液の中にあるアミラーゼというタンパク質は，食べ物の中のデンプンを糖に分解する．また，卵白に含まれるリゾチームは多糖を分解する活性をもつが，これが外から侵入する菌の膜を溶かし，卵の中で増殖するのを防いでいる．酵素の反応も触媒反応であり，酵素自身は反応の前後で変化しない．

章末問題

1 二次反応

$$\mathrm{A + B \longrightarrow 生成物}$$

の反応の速度定数を k とする．時間 $t = 0$ のとき $[A] = [A]_0$ であったとするとき，A の濃度が 2 分の 1 になる時間（半減期）を求めよ．

2 酵素 E は基質 S と次のように反応して生成物 P を与える．

$$\mathrm{E + S \underset{k_{-1}}{\overset{k_{+1}}{\rightleftarrows}} EA}$$

$$\mathrm{ES \xrightarrow{k_2} P}$$

酵素・基質複合体 ES に対して定常状態を仮定して，P の生成速度

$d[P]/dt$ を[E]，[S]で表せ．

3 A + B ⟶ 生成物の反応において，反応時間 t に対してA，Bの濃度[A]，[B]は次式で与えられることが実験的にわかった．

$$\frac{1}{[A]} = \alpha t + \beta$$

$$\ln[B] = -\alpha' t + \beta'$$

α, β, α', β' は定数である．この反応の次数を求めよ．

4 オゾン分解 $2O_3 \longrightarrow 3O_2$ は次のような機構で起こる．Oに対して定常状態近似を適用して，オゾン減少の反応速度 $-\dfrac{d[O_3]}{dt}$ を求めよ．

$$M + O_3 \underset{k_{-1}}{\overset{k_1}{\rightleftarrows}} O_2 + O + M$$

$$O + O_3 \xrightarrow{k_2} 2O_2$$

索　引

な

は

ま

や

ら

◆著者略歴◆

河野　淳也（こうの　じゅんや）

学習院大学理学部化学科教授

1969 年東京都生まれ．1992 年東京大学理学部卒業，1994 年東京大学大学院理学系研究科博士前期課程修了（2000 年博士号取得）．その後，日本石油（株），（株）コンポン研究所，学習院大学講師（2010 年）などを経て 2015 年より現職．
専門は物理化学，気相溶液化学．現在の研究テーマは「微小液滴を用いた溶液中分子の動的性質の解明」で，気相単離タンパク質のレーザー分光，液滴衝突による化学反応，液滴による触媒の高効率開発法の探索など広範囲に研究を展開中．

化学の基本シリーズ①　**一般化学**

2017 年 12 月 25 日　第 1 版　第 1 刷　発行
2022 年 10 月 10 日　　　　　第 5 刷　発行

検印廃止

著　者　河野淳也
発行者　曽根良介
発行所　㈱化学同人

〒600-8074　京都市下京区仏光寺通柳馬場西入ル
編集部　Tel 075-352-3711　Fax 075-352-0371
営業部　Tel 075-352-3373　Fax 075-351-8301
振替　01010-7-5702
e-mail webmaster@kagakudojin.co.jp
URL https://www.kagakudojin.co.jp
印刷・製本　㈱シナノパブリッシングプレス

JCOPY〈出版者著作権管理機構委託出版物〉
本書の無断複写は著作権法上での例外を除き禁じられています．複写される場合は，そのつど事前に，出版者著作権管理機構（電話 03-5244-5088，FAX 03-5244-5089，e-mail: info@jcopy.or.jp）の許諾を得てください．

本書のコピー，スキャン，デジタル化などの無断複製は著作権法上での例外を除き禁じられています．本書を代行業者などの第三者に依頼してスキャンやデジタル化することは，たとえ個人や家庭内の利用でも著作権法違反です．

Printed in Japan © Jun-ya Kohno 2017

ISBN978-4-7598-1846-8

乱丁・落丁本は送料小社負担にてお取りかえします．無断転載・複製を禁ず

基本物理定数

量	記号および等価な表現	値
真空中の光速	c_0	299 792 458 m s^{-1}
真空の誘電率	$\varepsilon_0 = (\mu_0 c_0^2)^{-1}$	$8.854\,187\,817 \times 10^{-12}$ F m^{-1}
電気素量	e	$1.602\,176\,53(14) \times 10^{-19}$ C
プランク定数	h	$6.626\,069\,3(11) \times 10^{-34}$ J s
	$\hbar = h/2\pi$	$1.054\,571\,68(18) \times 10^{-34}$ J s
アボガドロ定数	$L,\ N_{\mathrm{A}}$	$6.022\,141\,5(10) \times 10^{23}$ mol^{-1}
原子質量単位	$m_{\mathrm{u}} = 1u$	$1.660\,538\,86(28) \times 10^{-27}$ kg
電子の静止質量	m_{e}	$9.109\,382\,6(16) \times 10^{-31}$ kg
陽子の静止質量	m_{p}	$1.672\,621\,71(29) \times 10^{-27}$ kg
中性子の静止質量	m_{n}	$1.674\,927\,28(29) \times 10^{-27}$ kg
ファラデー定数	$F = Le$	$9.648\,533\,83(83) \times 10^{4}$ C mol^{-1}
リュードベリ定数	$R_\infty = me^4/8\varepsilon_0^2 ch^3$	$1.097\,373\,156\,852\,5(73) \times 10^{7}$ m^{-1}
ボーア半径	$a_0 = \varepsilon_0 h^2/\pi me^2$	$5.291\,772\,108(18) \times 10^{-11}$ m
気体定数	R	8.314 472(15) J K^{-1} mol^{-1}
セルシウス温度目盛のゼロ	T_0	273.15 K(厳密に)
標準大気圧	P_0	$1.013\,25 \times 10^{5}$ Pa(厳密に)
理想気体の標準モル体積	$V_0 = RT_0/P_0$	22.710 981(40) L mol^{-1}
ボルツマン定数	$k = R/L$	$1.380\,650\,5(24) \times 10^{-23}$ J K^{-1}

各数値の後のかっこ内に示された数は，その数値の標準偏差を最終けたの 1 を単位として表したものである．

SI 組立単位

物理量	名称	記号	定義
振動数	ヘルツ	Hz	s^{-1}
エネルギー	ジュール	J	kg m^2 s^{-2} = N m
力	ニュートン	N	kg m s^{-2} = J m^{-1}
仕事率	ワット	W	kg m^2 s^{-3} = J s^{-1}
圧力，応力	パスカル	Pa	kg m^{-1} s^{-2} = N m^{-2} = J m^{-3}
電荷	クーロン	C	A s
電位差	ボルト	V	kg m^2 s^{-3} A^{-1} = J A^{-1} s^{-1} = J C^{-1}
電気抵抗	オーム	Ω	kg m^2 s^{-3} A^{-2} = V A^{-1}
電導度	ジーメンス	S	A^2 s^3 kg^{-1} m^{-2} = Ω^{-1}
電気容量	ファラッド	F	A^2 s^4 kg^{-1} m^{-2} = A s V^{-1} = C V^{-1}
磁束	ウェーバー	Wb	kg m^2 s^{-2} A^{-1} = V s
インダクタンス	ヘンリー	H	kg m^2 s^{-2} A^{-2} = V s A^{-1} = Wb A^{-1}
磁束密度	テスラ	T	kg s^{-2} A^{-1} = V s m^{-2}
光束	ルーメン	lm	cd sr
照度	ルックス	lx	m^{-2} cd sr
線源の放射能	ベクレル	Bq	s^{-1}
放射線吸収量	グレイ	Gy	m^2 s^{-2} = J kg^{-1}